U0241606

低碳绿色发展丛书

DITAN LUSE FAZHAN CONGSHU

低碳理论

Low-Carbon Theory

王能应 ◎ 主编

人民出版社

总　序
中国迈向低碳绿色发展新时代

　　党的十八大明确提出，"着力推进绿色发展、循环发展、低碳发展，形成节约资源和保护环境的空间格局、产业结构、生产方式、生活方式。""低碳发展"这一概念首次出现在我们党代会的政治报告中，这既是我国积极应对全球气候变暖的庄严承诺，也是协调推进"四个全面"战略布局，主动适应引领发展新常态的战略选择，标志着我们党对经济社会发展道路以及生态文明建设规律的认识达到新高度，也充分表明了以习近平同志为总书记的党中央高度重视低碳发展，正团结带领全国各族人民迈向低碳绿色发展新时代。

一

　　2009年12月，哥本哈根气候会议之后，"低碳"二字一夜之间迅速成为全球流行语，成为全球经济发展和战略转型最核心的关键词，低碳经济、低碳生活正逐渐成为人类社会自觉行为和价值追求。我们常讲"低碳经济"，最早出现在2003年英国发表的《能源白皮书》之中，主要是指通过提高能源利用效率、开发清洁能源来实现以低能耗、低污染、低排放为基础的经济发展模式。它是一种比循环经济要求更高、对资源环境更为有利的经济发展模式，是实现经济、环境、社会和谐统一的必由之路。它通过低碳技术研发、能源高效利用以及低碳清洁能源开发，实现经济发展方式、能源消费方式和人类生活方式的新变革，加速推动人类由现代工业文明向生态文明的重大转变。

　　当前，全球社会正面临"经济危机"与"生态危机"的双重挑战，经济复苏缓慢艰难。我国经济社会也正在步入"新常态"。在当前以及今后相当长的一段时期内,由于新型工业化和城镇化的深入推进,我国所需要的能源消费都将呈现增长趋势,较高的碳排放量也必将引起国际社会越来越多的关注。面对目前全球减排压力和工业化、城镇化发展的能源、资源等多重约束,我们加快转变经济发展方式刻不容缓,实现低碳发展意义重大。为此,迫切需要我们准确把握国内外低碳发展之大势,构建适应中国特色的低碳发展理论体系,树立国家低碳发展的战略目标,找准加快推进低碳发展的重要着力点和主要任务,走出一条低碳发展的新路子。

走低碳发展的新路子,是我们积极主动应对全球气候危机,全面展示负责任大国形象的国际承诺。伴随着人类社会从工业文明向后工业文明社会的发展进程,气候问题已越来越受到世人的关注。从《联合国气候变化框架公约》到《京都议定书》,从"哥本哈根会议"到2015年巴黎世界气候大会,世界各国政府和人民都在为如何处理全球气候问题而努力。作为世界上最大的发展中国家,中国政府和人民在面临着艰巨而又繁重的经济发展和改善民生任务的同时,从世界人民和人类长远发展的根本利益出发,根据国情采取的自主行动,向全球作出"中国承诺",宣布了低碳发展的系列目标,包括2030年左右使二氧化碳排放达到峰值并争取尽早实现,2030年单位国内生产总值二氧化碳排放比2005年下降60%—65%等。同时,为应对气候变化还做出了不懈努力和积极贡献:中国是最早制定实施《应对气候变化国家方案》的发展中国家,是近年来节能减排力度最大的国家,是新能源和可再生能源增长速度最快的国家,是世界人工造林面积最大的国家。根据《中国应对气候变化的政策与行动2015年度报告》显示,截至2014年底,中国非化石能源占一次能源消费比重达到11.2%,同比增加1.4%,单位国内生产总值二氧化碳排放同比下降6.1%,比2005年累计下降33.8%,而同期发达国家降幅15%左右。党的十八大以来,新一届中央领导集体把低碳发展和生态文明写在了中华民族伟大复兴的旗帜上,进行了顶层设计,制定了行动纲领。基于此,我们需要进一步加强低碳发展与应对气候变化规律研究,把握全球气候问题的历史渊源,敦促发达国家切实履行法定义务和道义责任,在国际社会上主动发出"中国声音",展示中国积极应对气候危机的良好形象,为低碳发展和生态文明建设创造良好的国际环境。

走低碳发展的新路子,是我们加快转变经济发展方式,建设社会主义生态文明的战略选择。经过30多年快速发展,我国经济社会取得了举世瞩目的成绩,但同样也面临着资源、生态和环境等突出问题,传统粗放的发展方式已难以为继。从1990到2011年,我国GDP增长8倍,单位GDP的能源强度下降56%,

碳强度下降 58%。但同期我国碳排放总量也增长到 3.4 倍，而世界只增长 50%。预计 2015 年我国原油对外依存度将首次突破 60%，超出了美国石油进口的比例，能源对外依存度将超过 14%，2014 年我国能源总消费量约 42.6 亿吨标准煤，占世界的 23% 以上，而 GDP 总量 10 万亿美元只占世界 15% 左右，单位 GDP 能耗是发达国家的 3—4 倍，此外化石能源生产和消费产生的常规污染物排放和生态环境问题也难以得到根本遏制。当前这种资源依赖型、粗放扩张的高碳发展方式已难以为继。如果继续走西方国家"先污染，再治理"传统工业化老路，则有可能进入"环境恶化"与"经济停滞"的死胡同，不等经济发达就面临生态系统的崩溃。对此，党的十八大把生态文明建设纳入中国特色社会主义事业"五位一体"总体布局，首次将"美丽中国"作为生态文明建设的宏伟目标。党的十八届三中全会提出加快建立系统完整的生态文明制度体系；党的十八届四中全会要求用严格的法律制度保护生态环境；党的十八届五中全会更是明确提出"五大发展理念"，将绿色发展作为"十三五"乃至更长时期经济社会发展的一个重要理念，成为党关于生态文明建设、社会主义现代化建设规律性认识的最新成果。加快经济发展方式转变，走上科技创新型、集约型的绿色低碳发展路径，是我国突破资源环境的瓶颈性制约、保障能源供给安全、实现可持续发展和建设生态文明的内在需求和战略选择。基于此，我们需要进一步加强对低碳发展模式的理论研究，全面总结低碳经验、发展低碳能源、革新低碳技术、培育低碳产业、倡导低碳生活、创新低碳政策、推进低碳合作，从而为低碳发展和生态文明建设贡献力量。

走低碳发展的新路子，是我们充分发挥独特生态资源禀赋，聚集发展竞争新优势的创新之举。当今世界，低碳发展已成为大趋势，势不可挡。生态环境保护和低碳绿色发展已成为国际竞争的重要手段。世界各国特别是发达国家对生态环境的关注和对自然资源的争夺日趋激烈，一些发达国家为维持既得利益，通过设置环境技术壁垒，打生态牌，要求发展中国家承担超越其发展阶段的生态环境责任。我国是幅员辽阔，是世界上地理生态资源最为丰富的国家，各类型土地、草场、森林资源都有分布；水能资源居世界第一位；是世界上拥有野生动物种类最多的国家之一；几乎具有北半球的全部植被类型。同时，我国拥有碳交易市场优势，是世界上清洁发展机制（CDM）项目最大的国家，占全球市场的 32% 以上，并呈现出快速增长态势。随着中国碳交易市场逐步形成，未来将有望成为全球最大碳交易市场。此外，我国还在工业、建筑、交通等方面具有巨大的减排空间和技术提升潜力。我国已与世界紧密联系在一起，要充分利用自己独特的生态资源禀赋，主动作为，加快低碳发展体制机制创新，完善低碳发展制度体系，抢占全球低碳发展的制高点，聚集新优势，提升国际综合竞争力。基于此，我们需要进一步深入研究世界低碳发展的新态势、新特征，全面总结世界各国特别是发达国家在低碳经济、低碳政策和碳金融建设方面的典型模式，充分借鉴其成功经验，坚定不移地走出一条具有中国特色和世界影响的低碳发展新路子。

二

近年来，我国低碳经济理论与实践研究空前活跃，不同学者对低碳经济发展过程中出现的诸多问题给予了密切关注与深入研究，发表了许多理论成果，为低碳经济理论发展与低碳生活理念的宣传普及、低碳产业与低碳技术的发展、低碳政策措施的制定等作出了很大贡献。湖北省委党校也是在全国较早研究低碳经济的机构之一。从 2008 年开始，湖北省委党校与国家发改委地区司、华中科技大学、武汉理工大学、中南民族大学、湖北省国资委、湖北省能源集团、湖北省碳交易所等单位联合组建了专门研究低碳经济的学术团队，围绕低碳产业、低碳能源、低碳技术和碳金融等领域开展了大量研究，并取得了不少阶段性成果。其中，由团队主要负责人陶良虎教授等撰写的关于加快设立武汉碳交易所的研究建议，引起了国家发改委和湖北省委、省政府的高度重视，为全国碳交易试点工作的开展提供了帮助。同时，2010 年 6 月由研究出版社出版的《中国低碳经济》一书，是国内较早全面系统研究低碳经济的学术专著。党的十八大召开之后，随着生态文明建设纳入到"五位一体"的总布局中，低碳发展迎来了新机遇新阶段，这使得我们研究视野得到了进一步拓展与延伸，基于此，人民出版社与我们学术团队决定联合编辑出版一套《低碳绿色发展丛书》，以便汇集关于当前低碳发展的若干重要研究成果，进一步推动我国学术界对低碳经济的深入研究，有助于全社会对低碳发展有更加系统、全面的认识，进一步推动我国低碳发展的科学决策和公众意识的提高。

《低碳绿色发展丛书》的内容结构涵括低碳发展相关的 10 个方面，自然构成了相互联系又相对独立的各有侧重的 10 册著述。在《丛书》的框架设计中，我们主要采用了"大板块、小系统"的思路，主要分为理论和实务两个维度，国内与国外两个层次：《低碳理论》、《低碳经验》、《低碳政策》侧重于理论板块，而《低碳能源》、《低碳技术》、《低碳产业》、《低碳生活》、《低碳城乡》、《碳金融》、《低碳合作》则偏向于实务。

《低碳绿色发展丛书》作为入选国家"十二五"重点图书、音像、电子出版物出版规划的重点书系，相较于国内外其他生态文明研究著作，具有四大鲜明特点：一是突出问题导向、时代感强。本书系在总体框架设计中，始终坚持突出问题导向，入选和研究的10个重点问题，既是当前国内外理论界所集中研究的前沿问题，也是社会公众对低碳发展广泛关注和亟待弄清的现实问题，具有极强的时代感和现实价值。如《低碳理论》重点阐释了低碳经济与绿色经济、循环经济、生态经济的关系，有效解决了公众对低碳发展的概念和相关理论困惑；《低碳政策》吸纳了党的十八届三中全会关于全面深化改革的最新政策；《低碳生活》分析了当前社会低碳生活的大众时尚和网络新词等。二是全面系统严谨、逻辑性强。本书系各册著述既保持了各自的内涵、外延和风格，又具有严格的逻辑编排。从整个书系来看，既各自成册，又相互支撑，实现了理论性、政策性和实务性的有机统一；从单册来看，既有各自的理论基础和分析框架，又有重点问题和实施路径，还包括有相应的典型案例分析。三是内容详实权威、实用性强。本书系是当前国内首套完整系统研究低碳发展的著作，倾注了编委会和著作者大量工作时间和心血，所有数据和案例均来自国家权威部门，对国内外最新研究成果、中央最新精神和全面深化改革的最新部署都认真分析研究、及时加以吸收，可供领导决策、科学研究、理论教学、业务工作以及广大读者参阅。四是语言生动平实、可读性强。本书系作为一套专业理论丛书，始终坚持服务大众的理念，要求编撰者尽可能地用生动平实的语言来表述，让普通读者都能看得进去、读得明白。如《碳金融》为让大家明白碳金融的三大交易机制，既全面介绍了三大机制的理论基础和各自特点，又介绍了三大机制的"前世今生"，让读者不仅知其然、而且知其所以然。

三

本丛书是集体合作的产物，更是所有为加快推动低碳发展做出贡献的人们集体智慧的结晶。全丛书由范恒山、陶良虎教授负责体系设计、内容安排和统修定稿。《低碳理论》由王能应主编，《低碳经验》由张继久、李正宏、杜涛主编，《低碳能源》由肖宏江、邹德文主编，《低碳技术》由邹德文、李海鹏主编，《低碳产业》由陶良虎主编，《低碳城乡》由范恒山、郝华勇主编，《低碳生活》由陈为主编，《碳金融》由王仁祥、杨曼、陈志祥主编，《低碳政策》由刘树林主编，《低碳合作》由卢新海、张旭鹏、刘汉武主编。

本丛书在编撰过程中，研究并参考了不少学界前辈和同行们的理论研究成果，没有他们的研究成果是难以成书的，对此我们表示真诚的感谢。对于书中所引用观点和资料我们在编辑时尽可能在脚注和参考文献中一一列出，但在浩瀚的历史文献及论著中，有些观点的出处确实难以准确标明，更有一些可能被遗漏，在此我们表示歉意。

最后，在本书编写过程中，人民出版社张文勇、史伟给予了大量真诚而及时的帮助，提出了许多建设性的意见，陶良虎教授的研究生杨明同志参与了丛书体系的设计、各分册编写大纲的制定和书稿的审校，在此我们表示衷心感谢！

《低碳绿色发展丛书》编委会

2016.01 于武汉

目　　录

第一章　低碳经济概述

低碳经济是研究人类如何通过改变对化石能源的依赖，实现以较少的自然资源消耗获得较多的经济产出，同时减少以二氧化碳为表征的温室气体排放，促进人类经济社会低能耗、低排放、低污染发展的经济理论。低碳经济的核心是研究并探索包括通过技术创新、制度创新、产业转型、新能源开发等多种低碳经济发展途径，尽可能地减少煤炭石油等高碳能源消耗，减少温室气体排放，达到经济社会发展与生态环境保护双赢和可持续性。

一、"低碳经济"概念的提出

（一）"低碳经济"的理论基础

一门经济理论其理论来源一般有两方面：一方面是从经济史中探寻其根基，一门学科不能凭空诞生，需要从经济史中继承相关理论；另一方面是与相关学科比较，定位其研究领域，借鉴和吸取相关理论。"世界主义经济学"认为经济学是以造福人类为使命的科学和个人福利是完全依存于全人类福利的，这些经济学思想可以作为低碳经济思想的源头，通过与生态经济、循环经济、绿色经济、气候经济学和资源环境经济学等相关学科比较，借鉴和吸取其理论。

1. 经济学理论根基

20 世纪后，GDP 作为 20 世纪最伟大的发现之一的出现，为各国经济横向比较提供依据和参考，以萨缪尔森为代表"新古典综合派"把作 GDP 为经济学主要研究内容，可能会造成部分人误解经济学，认为经济学是研究一个国家 GDP 如何增加的学科。实际上，在经济学发展历史长河中，曾出现所谓"世界主义经济学"，认为经济学研究不仅仅关注本国经济发展，更要关注世界经济发展、整个人类发展。最早关注此问题的是弗朗斯瓦·魁奈（1694 — 1774）。他在其《重农主义，或最有利于人类的支配力量》中提出这样的想法：所有各个国家的商人是处于一个商业联邦之下的。魁奈所谈的无疑是世界主义经济，是从事研究如何使全人类获得发展的那种科学。它与政治经济学是对立的。亚当·斯密（1723 — 1790）同魁奈一样，对于真正的政治经济，也就是各个国家为了改进它的经济状况所应当遵行的政策方面，极少过问，以阐述全世界范围的商业绝对自由原则作为他的任务。斯密认为经济学研究应该立足于世界范围！法国政治经济学家萨伊（1767 — 1832）在他的《实用政治经济学》明确表明，政治经济学研究的是一切国家的利益，是全体人类社会的利益。法国古典政治经济学的完成者，经济浪漫主义的奠基人西斯蒙第（1773 — 1842），在《政治经济学新原理》中指出财富只是人类物质享受的象征，只是一种使人们获得物质幸福的手段。西斯蒙第批评英国古典经济学的根本错误在于把手段和目的颠倒了。西斯蒙第认为政治经济学不能只考虑少数人致富的问题，而更要关注社会上大多数人的福利问题，他强调政治经济学应该是以增进人类幸福为目的的一门科学。他认为积累国家的财富决不是成立政府的目的，政府的目的是使全体公民都能享受财富所代表的物质生活的快乐。以西斯蒙第、弗朗斯瓦·魁奈和亚当·斯密为代表所谓"世界主义经济学"认为，经济学是"以造福人类为使命的科学""个人福利是完全依存于全人类福利的"。这些经济发展过程中的全球思维可以作为低碳经济思想源头。

2. 相关学科的吸收和继承

第一，生态经济、循环经济、绿色经济与低碳经济。生态经济学是研究生态系统和经济系统的复合系统结构、功能及其运动规律的学科，即生态经济系统的结构及其矛盾运动发展规律的学科，是生态学和经济学相结合而形成的一门边缘学科。循环经济，它按照自然生态系统物质循环和能量流动规律重构经济系统，使经济系统和谐地纳入自然生态系统的物质循环当中，建立起一种新形态的经济，循环经济在本质上就是一种生态经济，要求运用生态学规律来指导人类社会的经济活动。绿色经济的概念在英国经济学家皮尔斯 1989 年出版的《绿色经济蓝皮书》首次提出。绿色经济则是以维护人类生存环境、合理保护资源与能源、有益于人体健康为特征的经济，是一种平衡式经济。从本质上来讲，循环经济、绿色经济、生态经济、低碳经济都是"三高一低"向"三低一高"转换的模式，即资源高投入、高消耗和高排放低效率转向资源低投入、低消耗低排放高效率。这四种形式经济都是20世纪后半期产生的新经济思想。

生态经济主要表达的理念是经济活动要顺应生态规律，经济系统服从生态系统。循环经济是从循环手段角度实现经济活动的生态化。绿色经济是扣除自然资源耗减价值与环境污染损失价值后剩余的国内生产总值，绿色经济侧重的是资源节约利用，追求绿色GDP。低碳经济是二氧化碳升高对人类产生巨大威胁的情况下提出的，强调经济发展不能以二氧化碳排放量上升为代价，追求经济发展与碳排放相对脱钩。从本质上来说，低碳经济属于生态经济范畴。低碳经济提法与其他几种经济提法相比，更能体现出目前经济发展过程中主要矛盾，追求的目标，从高碳向低碳转变。从辩证哲学角度，低碳经济体现出抓住主要矛盾解决主要问题思想。这些经济思想是人类面对资源危机、环境污染、生态破坏日益严重等问题自我反省与改进的结果，是对人类和自然关系的重新认识和总结。它们之间不是排斥的关系而是相互补充的关系，尽管有各自不同的内涵和外延，低碳经济在构建其理论体系时可以借鉴有关理论。

第二，气候经济学与低碳经济。2005年德国经济议题观察家弗里德黑姆·施瓦茨出版一本书《气候经济学》，他以生动有趣的笔法，丰富的案例，揭露天气和经济密不可分的关系。英国经济学家，前世界银行首席经济学家、全球气候变迁政策奠基人尼古拉斯·斯特恩在《斯特恩报告》中指出：不断加剧的温室效应将会严重影响全球经济发展，其严重程度不亚于世界大战和经济大萧条，气候变化对经济造成的负面影响远远超出了我们当初的设想[①]。气候经济学主要从气候变化角度，探讨气候和经济密不可分的关系。低碳经济主要研究高二氧化碳排放量对经济发展的影响。两者从内涵来说应该是一致的，是同一问题的不同表述。现在国外发展低碳经济的理论基础是气候经济学，即《斯特恩报告》。国内从事低碳经济理论研究的学者要及时关注气候经济学最新的研究成果。

第三，资源环境经济学与低碳经济。资源环境经济学是研究经济发展和环境保护之间的相互关系，探索合理调节经济活动和环境进行物质交换的基本规律，使经济活动取得最佳经济效益与环境效益的一门学科，主要研究领域包括：如何

---

① 古拉斯·斯特恩：《气候变化经济学》（上），季大方译，《经济社会体制比较》2009年第6
　期，第1—13页。

估算对环境污染造成的损失，包括直接物质损失、对人体健康的损害和间接的对人的精神损害；如何评估环境治理的投入所产生的效益，包括直接挽救污染所造成的损失效益和间接的社会、生态效益；如何制定污染者付费的制度，确定根据排污情况的收费力度；如何制定排污指标转让的金额。资源环境经济学主要是阐述资源有价值，环境损害有成本的理论，并提出核算方法和解决途径。从高碳对环境造成损失，低碳避免损失来说，低碳经济与资源环境经济学研究内容有交叉。目前资源环境经济学是比较完善学科，低碳经济要充分借鉴和参考其理论体系构建，完善低碳经济理论体系。

（二）"低碳经济"提出历程

低碳经济是怎样产生的？一般认为：这是基于工业社会的高碳经济困境而产生的社会进化诉求。农业文明是一种低碳文明，太阳能为人类生存提供了生物质能；工业文明则表现为一个高碳社会，基于对化石燃料的勘探、开采、加工、利用，以高二氧化碳排放为代价，营生了高碳产业体系。环境资源难以自发融入市场体系，导致碳排放权的供求失衡、低效配置、过度使用、降低社会福利水平、威胁经济社会可持续发展。①

"低碳经济"的最早提法，可以追溯到 1992 年 150 多个国家制定的《联合国气候变化框架公约》（以下简称《框架公约》）②。这是世界上第一个为全面控制二氧化碳等温室气体排放，应对全球气候变暖给人类经济和社会带来不利影响的国际公约。这是一个有法律约束力的公约，旨在控制大气中二氧化碳、甲烷和其他造成"温室效应"的气体排放，将温室气体的浓度稳定在使气候系统免遭破坏的水平上。《框架公约》的实施拉开了低碳经济发展的序幕。

1997 年 12 月，在日本京都召开联合国气候变化框架公约参加国会议，制定

---

① 陈兵、朱方明、贺立龙：《低碳经济的含义、特征与测评：碳排放权配置的视角》，《理论与改革》2014 年第 9 期。

② 《联合国气候变化框架公约》（United Nations Framework Convention on Climate Change，简称《框架公约》，英文缩写 UNFCCC）是 1992 年 5 月 22 日联合国政府间谈判委员会就气候变化问题达成的公约，于 1992 年 6 月 4 日在巴西里约热内卢举行的联合国环发大会（地球首脑会议）上通过。《联合国气候变化框架公约》是世界上第一个为全面控制 CO_2 等温室气体排放，以应对全球气候变暖给人类经济和社会带来不利影响的国际公约，也是国际社会在对付全球气候变化问题上进行国际合作的一个基本框架。

并颁布《京都议定书》①，作为《联合国气候变化框架公约》的补充条款。其目标是"将大气中的温室气体含量稳定在一个适当的水平，进而防止剧烈的气候改变对人类造成伤害"。《京都议定书》建立了旨在减排的 3 个灵活合作机制：国际排放贸易机制（简称 ET）、联合履行机制（简称 JI）和清洁发展机制（简称 CDM），这些机制允许发达国家通过碳交易市场等灵活完成减排任务，而发展中国家可以获得相关技术和资金。② 条约规定，它在"不少于 55 个参与国签署该条约并且温室气体排放量达到附件中规定国家在 1990 年总排放量的 55% 后的第 90 天"开始生效。这两个条件中，"55 个国家"在 2002 年 5 月 23 日当冰岛通过后首先达到，2004 年 12 月 18 日俄罗斯通过了该条约后达到了"55%"的条件，条约在 90 天后于 2005 年 2 月 16 日开始强制生效。这进一步推动了低碳经济的发展和低碳理论的形成。

1999 年，美国著名学者莱斯特·R.布朗（Lester R.Brown）出版《崩溃边缘的世界——如何拯救我们的生态和经济环境》③ 一书。他在书中写道：如果仍按传统经济模式行事，人类离全球文明的崩溃还有多远？我们应如何拯救文明？目前威胁人类未来的并不是武装进犯，而是气候变化、人口增长、水资源短缺、贫困加剧、食物价格上涨，以及国家失能。我们正面临史无前例的挑战，这就需要将各种资源按照"B 模式"的目标重新进行配置。这包括植物造林、土壤保持、渔场修复、稳定气候和人口、消除贫困、恢复经济的自然支持系统、普及初等教育，以及在世界范围内实施妇女生殖保健和计划生育服务。布朗指出，在创建可持续发展经济的庞大再造工程中，首要工作乃是能源经济的变革，并首次指出面对"地球温室化"的威胁，应当尽快从以化石燃料（石油、煤炭）为核心的经济，转变成为以太阳、氢能源为核心的经济。

2001 年，布朗出版《生态经济——有利于地球的经济构想》④，指出：一个

---

① 《京都议定书》（英文：Kyoto Protocol，又译《京都协议书》《京都条约》；全称《联合国气候变化框架公约的京都议定书》）是《联合国气候变化框架公约》的补充条款，是 1997 年 12 月在日本京都由联合国气候变化框架公约参加国三次会议制定的。《京都议定书》于 1998 年 3 月 16 日至 1999 年 3 月 15 日间开放签字，共有 84 国签署，条约于 2005 年 2 月 16 日开始强制生效，到 2009 年 2 月，共有 183 个国家通过了该条约（超过全球排放量的 61%），引人注目的是美国没有签署该条约。
② 思牧：《从环保看企业的"绿色管理"》，《资源与人居环境》2007 年第 11 期。
③ ［美］莱斯特·R.布朗：《崩溃边缘的世界——如何拯救我们的生态和经济环境》，林自新、胡晓梅、李康民译，上海科技教育出版社 2011 年版。
④ ［美］莱斯特·R.布朗：《生态经济——有利于地球的经济构想》，林自新、戢守志等译，东方出版社 2002 年版。

能维系环境永续不衰的经济——生态经济，要求经济政策的形成，要以生态原理建立的框架为基础。生态学家与经济学家之间的关系，犹如建筑师与建造商之间的关系，理应由生态学家给经济提供蓝图。他们懂得一切经济活动和所有生物对地球生态系统的依赖关系——不同物种共同生存，彼此之间以及它们栖息地之间相互影响。这些数以百万计的物种，生存于复杂的平衡之中，通过食物链、养分循环、水文循环以及气候系统相互交织在一起。经济学家懂得如何把目标变成政策。经济学家和生态学家携起手来就可以构建出一种经济，一种可持续发展的经济。他论证了从化石燃料或以碳为基础的经济，向高效的、以氢为基础的经济转变的必要性和紧迫性，重新建构了经济发展零污染排放、无碳能源经济体系。

2003年，布朗出版《B模式——拯救地球延续文明》①，这本书的出版，产生了更加广泛和深刻的社会影响，布朗自此掀起了一场"A、B发展模式"之争。"A模式"即以化石燃料为基础、以破坏环境为代价、以经济为绝对中心的传统发展模式。"B模式"则是以人为本，以利用风能、太阳能、地热资源、水能、生物质能等可再生能源为基础的生态经济发展模式。布朗指出：现代文明正处于困境之中，人类已经造成一种依靠过度消耗自然资本，使产出人为膨胀的泡沫经济；在泡沫经济中，食物部门最为明显，世界谷物的收获依靠过度开采地下水面高速增长，一旦地下蓄水层枯竭，势必导致未来产量的下降，驱使世界的食物价格上涨。许多食物进口国的政治动荡将证明现行的经济模式——A模式，不再行得通了。取而代之的是B模式——全球动员起来，稳定人口和气候，使A模式存在的问题不至于发展到失控的地步。他明确提出地球气温的加快上升，要求将"碳排放减少一半"，加速向可再生能源和氢能经济的转变。为此，布朗提出了目前即可实施的蓝图及切实可行的途径，目标是争取把人口稳定在接近联合国的低端预测的74亿，到2015年把碳排放减少一半，并且使水产提高一半。布朗的这些思想奠定了低碳经济的基本理论。

2003年，英国在《我们能源的未来：创建低碳经济》的白皮书中指出，低碳经济是通过更少的自然资源消耗和更少的环境污染，获得更多经济产出；低碳经济是创造更高生活标准和更好生活质量的途径，为发展、应用和输出先进技术创造了机会，同时也能创造新的商机和更多的就业机会。这是"低碳经济"首

---

① ［美］莱斯特·R.布朗：《B模式——拯救地球延续文明》，林自新、暴永宁等译，东方出版社2003年版。

次作为专业名词被使用，后期低碳经济的研究和理论完善奠定了基础。①

二、低碳经济的含义与特征

（一）低碳经济的含义

1. 低碳经济的内涵

低碳经济是环境资源趋于供求均衡和配置优化的一种新型经济形态。人类社会经历了农业文明的低碳经济、工业文明的高碳经济，逐渐转向工业文明和生态文明融合的另一种新型低碳经济形态。这种新型的低碳经济形态，不同于农业社会的低碳经济，是以"碳排放权的优化配置和持续供给"为运行本质，致力于"环境资源利用的社会福利总效应"趋于最大化。

表1—1　低碳经济与高碳经济的多维对比

时代划分	经济形态	运行本质	福利效应	技术、制度基础
农业文明时期	原始的低碳经济	环境资源供过于求	碳排放少，成本小；福利损失忽略不计	利用生物质能；无产权界定
工业文明时期	高碳经济	环境资源供需失衡，再生产难以维系	碳排放权需求大，稀缺性强，成本高；社会福利损失大，影响社会可持续发展	以碳氢化合物的利用为基础，高的碳排放量；环境产权模糊
工业文明与生态文明融合期	新型的低碳经济	环境资源供求均衡，可持续再生产	通过既定环境资源的优化配置，社会福利趋于最大化；社会可持续发展	以化石能源和清洁能源的综合利用为基础；环境产权清晰

第一，低碳经济的本质，是对环境资源（碳排放权）的优化配置与使用。主流经济学以经济资源的配置与使用为内核。传统的经济实践或经济学说，忽略了碳排放权这类特殊经济资源，将其排除在"资源配置的机制设计"之外，导致环境资源免费试用、抢占使用、过度使用，造成巨大的社会福利损失。在化石能源消耗主导的现代工业社会，环境资源的供求日趋紧张，碳排放权使用在污染损害或生态蜕化的意义上，造成的机会成本愈加高昂，低碳经济所体现的"环

---

① 叶艳：《低碳经济是中国发展的必然选择》，《北京论坛（2010）文明的和谐与共同繁荣——为了我们共同的家园：责任与行动："信仰与责任——全球化时代的精神反思"哲学分论坛论文或摘要集》2010年11月5日。

境配置优化和社会福利增进"意义更为显著。低碳经济的实现，要以一定的制度与技术为前提。经济主体对环境资源的优化配置与使用，总是传统的自立动机驱使，缺少了一定制度与技术支撑的机制引导，低碳经济只能停留在一种目标状态。

第二，低碳经济的内容，围绕着碳排放权的配置表现为多个层次。首先，工业企业、家庭等经济主体，具备内生的节能减排动力和能力，成为最优化使用碳排放权的"低碳"行为主体。再者，经济主体及经济区域之间，能有效地开展碳排放权的交易和谈判，实现环境资源的动态配置优化。并且，政府理性地平衡碳排放权使用的经济产出与机会成本（如污染损害），在社会福利最大化的价值取向下，对碳排放权予以合理的初始界定，以及必要的行政管制和经济调控。此外，公众舆论、道德力量、非政府组织及其运行，都是低碳经济体系的重要构成。

第三，对低碳经济的理解，要走出多重误区。比如，低碳经济并非"无碳经济"，没有绝对的"低碳标准"。无论生产单位创造财富，还是家庭消费，都离不开对"环境"的使用，广义的"碳排放"必然发生。低碳经济并非不允许经济主体"零排放"，而是避免"不经济的排放"，即污染损害外部化或生产的污染代价过大，导致"环境"资源在生产、消费全域的配置与使用，偏离社会福利最大化。再如，"低碳经济行为"不完全等同于"环保公益或慈善行为"。某些企业表面行"环保公益之举"，私下"违规排污""高耗高排"，是有悖于低碳经济行为的。[①]

2. 低碳经济的概念界定

据考证，"低碳经济"（low-carbon economy）一词最早见诸政府文件是在2003 年的英国能源白皮书《我们能源的未来：创建低碳经济》：低碳经济是通过更少的自然资源消耗和更少的环境污染，获得更多的经济产出；低碳经济是创造更高的生活标准和更好的生活机会，也为发展、应用和输出先进技术创造了机会，同时也能创造新的商机和更多的就业机会。但英国并没有界定低碳经济的概念，也没有给出可以在国际上进行比较的指标体系。随后，理论界从不同研究角度提出了各自不同的解释。

第一，能源技术革命的角度。国内较早研究低碳经济的学者庄贵阳认为，

---

① 陈兵、朱方明、贺立龙：《低碳经济的含义、特征与测评：碳排放权配置的视角》，《理论与改革》2014 年第 9 期。

"低碳经济"概念率先由英国提出，是指依靠技术创新和政策措施，实施一场能源革命，建立一种较少排放温室气体的经济发展模式；低碳经济的实质是能源效率和清洁能源结构问题，核心是能源技术创新和制度创新，目标是减缓气候变化和促进人类的可持续发展。

第二，宏观、中观和微观的角度。付允等通过宏观、中观和微观分析的论证低碳经济是以低能耗、低污染、低排放和高效能、高效率、高效益（三低三高）为基础，以低碳发展为发展方向，以节能减排为发展方式，以碳中和技术为发展方法的绿色经济发展模式。

第三，全球碳库及碳循环角度。金涌等认为低碳经济就是要努力减少化石燃烧和碳酸盐（岩石）分解导致的大气碳库藏量的增加，同时通过气体交换及光合作用增加海洋碳库和陆地碳库的藏量，通过人工二氧化碳矿化过程（地质存贮）及二氧化碳再利用过程减少大气碳库的藏量，鼓励使用海洋生态系统及陆地生态系统中的可再生碳替代化石资源消耗；低碳经济的主要内容应包括：合理调整产业与能源结构，围绕能源及化学品的生产、运输、分配、使用和废弃全过程，开发有利于节能和降低二氧化碳排放的技术与产品，关注二氧化碳捕集、重复利用和埋藏，制定配套的政策，以实现节约能源、保护自然生态和经济可持续发展的总目标。

第四，经济形态角度。冯之浚等认为，低碳经济是从高碳能源时代向低碳能源时代演化的一种经济发展模式。它是低碳发展、低碳产业、低碳技术、低碳生活等一类经济形态的总称。低碳经济以低能耗、低排放、低污染为基本特征，以应对碳基能源对于气候变暖影响为基本要求，以实现经济社会的可持续发展为基本目的；低碳经济的实质在于提升能效技术、节能技术、可再生能源技术和温室气体减排技术，促进产品的低碳开发和维持全球的生态平衡。金乐琴等认为，低碳经济是发达国家为应对全球气候变化而提出的新的经济发展模式；它与可持续发展理念和资源节约型、环境友好型社会的要求是一致的；它强调以较少的温室气体排放获得较大的经济产出。任力认为，低碳经济是与高能耗、高污染、高排放为特征的高碳经济相对应，以低能耗、低污染、低排放为基础的经济模式，或是含碳燃料所排放的二氧化碳显著降低的经济；低碳经济实质是保持经济社会发展的同时，实现资源高效利用，实现能源低碳或无碳开发。

第五，价值观念的角度。潘家华认为，理解低碳经济必须把握四个问题：①发展低碳经济并不是要走向贫困，而是在保护环境气候的前提下走向富裕；②低碳经济绝不应该排斥高能耗、高排放的产业和产品，而应该想办法尽量提高碳效率；③在低碳经济状态下，交通便利、房屋舒适宽敞是可以得到保证的；

④搞低碳经济所需的技术和能源成本不是问题，低碳经济是世界经济发展的大趋势。另外，刘细良则从侧重于生态文明的角度提出低碳经济的实质是经济发展方式、能源消耗方式、人类生活方式的一次新变革，是人类社会由现代工业文明向生态经济和生态文明的转变。

第六，概念比较的角度。还有学者对低碳经济与其他相关概念的关系进行了分析。比如，吴晓青就认为目前倡导的低碳经济和循环经济，都可以归属于绿色经济的大范畴，这些经济发展模式都是从经济活动的不同角度与层面来认识问题的。其中，低碳经济强调的是以较低的碳排放实现经济的发展，循环经济强调的是在生产、流通和消费等过程中进行减量化、再利用和资源化，是资源节约和循环利用活动的总称。而杨美蓉则认为循环经济、绿色经济、生态经济和低碳经济都是20世纪后半期产生的新经济思想，都是对人类和自然关系的重新认识和总结的结果，也是人类在社会经济高速发展中陷入资源危机、环境危机、生存危机深刻反省自身发展模式与改进的产物，因此，它们既有相同又有区别。其相同点主要体现在：相同的新价值观念和消费观念、都是以绿色科技和生态经济伦理为支撑点、都追求人类可持续发展和环境友好的实现，追求人类在考虑生产和消费时不能把自身置于这个大系统之外，而是将自己作为这个大系统的一部分来研究符合客观规律的经济原则；而区别之处则表现为：研究的侧重点不同、解决危机的突破口不同、核心不同等方面。

学者虽然从不同的角度对低碳经济的概念进行界定，只是研究的视角不同，他们对于低碳经济的概念界定可以归纳为三种。

一是方法论。这种观点认为低碳经济是一种解决温室问题的有效方法。低碳经济是指温室气体排放量尽可能低的经济发展方式，尤其是二氧化碳这一主要温室气体的排放量要有效控制。推行低碳经济是避免气候发生灾难性变化、保持人类可持续发展的有效方法之一，如从全球碳库及碳循环角度对低碳经济概念进行界定的金涌等学者。

二是形态论。这种观点认为低碳经济是一种可持续发展的新经济形态。在发展经济学的理论框架下，低碳经济是经济发展的碳排放量、生态环境代价及社会经济成本最低的经济，是低碳技术、低碳产业、低碳生活等一类经济形态的总称，也是一种能够改善地球生态系统自我调节能力的可持续发展的新经济形态，如从宏观、中观和微观的角度对低碳经济概念进行界定的付允等学者，以及从经济形态角度对低碳经济概念进行界定的冯之浚和金乐琴等学者。

三是革命论。这种观点认为低碳经济也是一场全球性能源经济革命。低碳经济是以低能耗、低污染、低排放为基础的经济模式，是人类社会继农业文明、工业文明之后的又一次重大进步。低碳经济实质上是能源高效利用、清洁能源开发、追求绿色发展的问题，核心是能源技术和减排技术创新、产业结构和制度创新以及人类生存发展观念的根本性转变。因此，低碳经济是对现代经济运行的深刻反思，是一场涉及生产模式、生活方式、价值观念和国家权益的全球性能源经济革命。

综合以上学者的研究成果，本书认为，从发展目的来看，低碳经济应当是解决当前全球问题如温室效应的有效方法之一，从其实现途径来看，它也应该是对于当前高耗能、高碳技术的一场能源革命，从其发展趋势来看，低碳经济应该是一种新的经济发展形态。因而，低碳经济是指在可持续发展理念指导下，通过技术创新、制度创新、产业转型、新能源开发等多种手段，尽可能地减少煤炭石油等高碳能源消耗，减少温室气体排放，达到经济社会发展与生态环境保护双赢的一种经济发展形态。①

（二）低碳经济的基本特征

"低碳经济"已成为国际社会研究全球变暖应对之策的热门词汇。低碳的最基本含义是指较低（更低）的温室气体（二氧化碳为主）排放。因此，为维持生物圈的碳平衡、抑制全球气候变暖，需要降低生态系统碳循环中的人为碳通量，通过减排二氧化碳，减少碳源、增加碳汇，改善生态系统的自我调节能力。低碳经济有三个基本特点。

1. 低能耗。低碳经济是相对于高碳经济即相对于基于无约束的碳密集能源生产方式和能源消费方式的高碳经济而言的。低碳经济是目前最可行的、可量化的、可持续发展模式。温室气体长期减排和经济社会可持续发展，关键在于发展清洁、低碳能源技术，建立低碳经济增长模式和低碳社会消费模式，并将其作为协调经济发展和保护全球气候的根本途径。因此，发展低碳经济的关键在于降低单位能源消费量的碳排放量（即碳强度），通过碳捕捉、碳封存、碳蓄积，降低能源消费的碳强度，控制二氧化碳排放量的增长速度。

2. 低排放。低碳经济是相对于新能源而言的，是相对于基于化石能源的经济发展模式而言的。未来能源发展的方向是清洁、高效、多元、可持续。因此，发展低碳经济的关键在于促进经济增长与由能源消费引发的碳排放"脱钩"，实

① 王岑：《"碳锁定"与技术创新的"解锁"途径》，《中共福建省委党校学报》2010 年第 11 期。

现经济与碳排放错位增长（低增长、零增长或负增长），通过能源替代、发展低碳能源和无碳能源控制经济体的碳排放弹性，并最终实现经济增长的碳脱钩。

3. 低污染。低碳经济是相对于人为碳通量而言的，是一种为解决人为碳通量增加引发的地球生态圈碳失衡而实施的人类自救行为。全球应对气候变化正在引发能源领域的技术创新。低碳能源是低碳经济的基本保证，清洁生产是低碳经济的关键环节。因此，发展低碳经济的关键在于改变人们的高碳消费倾向和碳偏好，减少化石能源的消费量，减少碳足迹，实现低碳生存。[①]

4. 生态性。低碳经济生态效益佳，生态安全系数高。低碳经济不仅仅是碳排放量低的经济，离开经济产出谈绝对的碳排放量是"不经济"的。农业社会经济发展水平低，碳排放量自然少，但并非我们今天追求的低碳经济状态。同样不能因为是高碳经济，我们就否定近现代工业社会创造的物质文明。提升生态效益，即用尽可能少的碳排放量及其成本，获得尽可能多的工业产出和物质财富。追求"清洁""绿色"或"低碳"的 GDP，才是低碳经济的核心特征。中国 GDP 少于美国，但碳排放量高于美国，生态效益低，经济的低碳化水平低。除生态效益外，低碳经济另一特征是生态安全系数高。近年来温室效应带来全球生态安全威胁增加，从"北极冻土融化将导致 60 亿巨额损失"，到中国"雾霾引起年损失万亿"。只有将碳排放总量控制在一个可承受阈值之下，保证自然生态系统的完整性、健康性并维持人类社会正常运行和可持续发展，才能称得上低碳经济。

低碳经济属于碳中性经济，要求经济活动低碳化。低碳经济的"低"的要义在于降低经济发展对生态系统碳循环的影响，维持生物圈的碳平衡，其根本目标是促进经济发展的碳中性，即经济发展中人为排放的二氧化碳与通过人为措施吸收的二氧化碳实现动态均衡。由于低碳经济系统的特征尺度是全球，所以经济发展的碳中性是全球碳中性。[②]

（三）低碳经济的构成因素

低碳技术、低碳能源、低碳产业、低碳城市和低碳管理是低碳经济的 5 个构成要素。

第一，低碳技术是低碳经济发展的动力。"科学技术是经济发展的第一生产

[①] 张坤民等：《低碳经济论》，中国环境科学出版社 2008 年版，第 21 页。

[②] 谢军安、郝东恒、谢雯：《我国发展低碳经济的思路与对策》，《当代经济管理》2008 年第 12 期。

力"。低碳技术是国家核心竞争力的一个重要标志，是解决日益严重的生态环境和资源能源问题的根本出路。低碳技术广泛涉及石油、化工、电力、交通、建筑、冶金等领域，包括煤的清洁高效利用、油气资源和煤层气的高附加值转化、可再生能源和新能源开发、传统技术的节能改造、二氧化碳捕集和封存等。这些低碳技术一旦物化和作用于低碳经济的生产过程就成为直接生产力，成为低碳经济发展最为重要的物质基础，成为低碳经济发展强大的推动力。

第二，低碳能源是低碳经济发展的核心。低碳经济的实质就是用低的能源消费、低的排放和低的污染来保证国民经济和社会的可持续发展。低碳能源是指高能效、低能耗、低污染、低碳排放的能源，包括可再生能源、核能和清洁煤，其中可再生能源包括：太阳能、风能、水能、海洋能、地热能及生物质能等。由此看来，低碳经济发展的核心就是低碳能源。发展低碳经济就是要改变现有的能源结构，使现有的"高碳"能源结构逐渐向"低碳"的能源结构转变。这就要求我们一方面大力推广使用现有技术可控的低碳能源；另一方面大力推进科技创新，积极开发高效、经济、实用的低碳能源新技术，并将其转化成实际生产力。

第三，低碳产业是低碳经济发展的载体。"载体"是事物从一种状态变化到另一种状态的中介物质；经济发展载体是经济发展中起核心支撑作用的平台，作用就是承载、传递和催化经济数量的增长和经济质量的提升。经济发展不同阶段应有不同的经济发展载体与之相对应，低碳经济发展的载体是低碳产业。低碳经济发展的水平取决于低碳产业承载能力的大小（低碳产业发展规模的大小、质量的好坏）；低碳产业的传递和催化能够促进低碳产业的发展并将带动现有高碳产业的转型发展，催生新的产业发展机会，形成新的经济增长点，促进经济"乘数"效应地发展。

第四，低碳城市是低碳经济发展的平台。低碳城市是指在经济社会发展过程中，以低碳理念为指导，以低碳技术为基础，以低碳规划为抓手，从生产、消费、交通、建筑等方面推行低碳发展模式，实现碳排放与碳处理动态平衡的城市。它以绿色能源、绿色交通、绿色建筑、绿色生产、绿色消费为要素；以碳中和、碳捕捉、碳储存、碳转化、碳利用、碳减排为手段。通过组织机制创新、激励机制创新、治理机制创新、制约机制创新、评价机制创新可以实现低碳城市的平台作用。

第五，低碳管理是低碳经济发展的保障。低碳管理包含发展目标的明确、法律规章的完善、体制机制的创新和科技创新的推动等方面，是低碳经济发展的保障。借鉴国际发达国家的低碳管理经验与启示，结合自身的低碳管理实际与存在的问题，如何合理构建完善的低碳管理制度与体系，如何将低碳管理规则转变为政府、企业和个人自觉践行的低碳生活方式，是强化低碳管理面临的现实问题。

三、正确认识低碳经济

由于低碳经济是一个比较前沿的理念，因此在认识低碳经济问题上，还存在很多误区。消除这些误区，是向低碳经济转型的一个重要前提。由于没有可以借鉴的成功模式，因此，必须有一个从实践到认识、再实践、再认识的过程。

（一）低碳经济不等于贫困经济

在工业革命之前的社会，或者在当前最贫穷最不发达的地区和国家，化石燃料和商业化能源的开发利用水平很低，人类社会的生产和消费水平有限，难以享受制冷和采暖技术带来的舒适生活环境，也无法享受现代化交通工具所带来的便捷出行，因此它们产生的温室气体排放水平相当低，自然是"低碳"状态。但这远非人类社会期望的发展水平，因此并不是低碳经济。发展低碳经济并不是要走向贫困，而是要在保护环境气候的前提下走向富裕。

（二）高质量生活不等于高排放

当前发达国家人均碳排放水平非常高，欧洲国家和日本为 10 吨左右，而美国甚至高达 20 吨，远远超过发展中国家和全球的平均水平。因此很多人认为只有高排放才能实现较高的生活质量，低碳经济不可实现。由于向低碳经济转型具有阶段性特征，所以发展中国家的碳排放需要有一定程度的增长。但必须指出，发达国家当前高度的发展水平（社会生产力）取决于其历史上无节制排放所形成的巨大资本积累，其奢侈和浪费性的排放，一定程度上抵消了其碳生产力的提高。北欧国家生活水平很高，碳生产率也很高，并且碳排放水平已经呈现回落趋势。因此，生活质量并不是用碳排放的多少来度量的，温室气体排放水平和社会经济发展水平能够实现"脱钩"。

（三）低碳经济不会限制特定产业的引进和发展

低碳经济不会限制特定产业（如能源密集型产业）的引进和发展，只要这些产业的技术水平在行业领先，就符合低碳经济发展需求。历史地看，产业由小到大的扩张和产业结构由低级到高级的上升运动是有规律的，总的趋势是：农业—轻工业—基础产业—重化工业—高附加值加工工业—现代服务业和知识经济。三大产业中，第二产业由低水平到高水平的上升运动规律表现得尤其明显，一方面第二产业不断扩张，另一方面又沿着高度化方向不断发展。能源密集型产业（误解低碳经济限制产业发展的主要领域）及相关工业产品对于中国的工业化和城市化进程都是必不可少的，是中国实现现代化不可或缺的物质基础和不可逾越的发展阶段。由此可见，产业发展有其客观规律，发展低碳经济不应盲目排斥特定产业的发展。

（四）低碳经济不意味着"高投入"

发展低碳经济，要求节约能源、提高能效、发展包括可再生能源在内的低碳能源、开发应用温室气体减排技术、发展林业碳汇以及在消费终端推动行为改变等，这些都需要成本。但同时，相应措施也会带来节能、环保、就业和经济增长方面的效益。因此，孤立地看发展低碳经济的成本投入是没有意义的。根据麦肯锡公司的研究，为了实现应对全球气候变化的2度目标，相应温室气体减排量的75%可以通过非技术措施或已有的成熟技术来实现，而无须开发新的技术。并且，所有的减排潜力和减排技术当中，大约25%的减排潜力在整个技术生命周期中的成本为零甚至为负（存在净效益）。即使有一些为了发展低碳经济而要付出的代价，但考虑到低碳经济对于国际投资的吸引力，对于长期战略竞争力的培育，这些代价也是值得的。

（五）低碳经济并不只是未来需要做的事情

虽然发展低碳经济是一个长期目标，但为了实现《联合国气候变化框架公约》为应对全球气候变化制定的目标，全世界必须尽快使大气环境中的温室气体浓度不再升高。发达国家具有巨大的历史责任，它们较高的社会经济发展水平和碳生产力水平，为其低碳转型打下了坚实的基础。未来世界必然是低碳的世界，发达国家已经或者正在进行战略性的部署。可以说，谁具备了低碳竞争力，谁就赢得了未来世界的主动权。对于发展中国家而言，促进社会经济实现低碳转型，不仅可以避免发生重大的"锁定效应"，还有助于争取打造未来的核心竞争力。防范全球变暖，需要国际合作，关乎地球上每个国家（地区）和每一个人，关乎企业责任。发展低碳经济，是人类可持续发展的必然选择，这与"道德"无关。研究已经表明，延迟行动，将带来更大的成本损失。

（六）低碳经济需要世界各国的共同行动

按照《联合国气候变化框架公约》"共同但有区别的责任"的原则，各国应当根据各自国情和能力开展"共同但有区别"的行动。发展低碳经济、走低碳发展的道路，或者实现社会经济的低碳化，本质上是应对气候变化中减缓温室气体排放的核心内容。世界范围内各主要经济体往往根据各自的国情，相继提出了发展低碳经济的战略和措施，众多国家也在城市和区域层面开展了众多成功的低碳实践。因此，发展低碳经济是全球共同的目标。中国国家和各个地方发展低碳经济的重点，是把低碳发展作为推动技术创新、完善政策和体制、转变经济社会发展方式、协调经济发展与保护全球气候关系的核心战略选择，实现全球应对气候变化与国内可持续发展的双赢。

（七）低碳经济不强制要求"零碳经济"

低碳可以分为绝对的低碳、满足一定目标的低碳和相对的低碳。绝对低碳即零碳，但在当前的社会经济条件下，要求绝对低碳既不客观，也不现实。从高碳到低碳，是一个庞大复杂的系统工程，必须循序渐进。零碳经济是低碳经济，但低碳经济不要求零碳经济。满足一定目标的低碳，如哥本哈根会议达成的2度共识，对各国来说是可能实现的，也是很有挑战性的，这是为什么谈判中各国激烈博弈的原因。对现阶段发展中国家来说，应该千方百计降低碳强度，提高碳生产力。低碳经济不意味着低收益。投入增加和政策扶持，通过学习和转让，低碳技术的成本曲线呈现不断下降趋势，一些新能源技术会拥有完全取代化石燃料发电的经济基础和商业价值。

（八）低碳经济与低碳社会的异同

低碳经济与"低碳社会"的区别，与各个国家碳排放结构差异有关。发展中国家的工业排放占全社会排放的70%，而发达国家工业、建筑和交通排放各占1/3。中国发展低碳经济的着力点应当放在产业经济部门，使产业经济低碳化；发达国家发展低碳经济的着力点应当放在削减居民生活消费中的碳排放，使社会生活低碳化。当前中国低碳经济建设主要着眼于技术和产业层面，但也不能忽视从社会消费层面减少温室气体排放的重要性。我们要发展的不仅是低碳经济，而且要着眼于推动整个社会变革，建设低碳社会。

（九）低碳经济不能等同于"节能减排"

减少温室气体排放应当包括增加碳汇与减少碳源两个方面。根据 KAYA 共识，一个国家二氧化碳排放量的增长取决于人口、人均 GDP、单位 GDP 能耗和能源结构四个因素。其中，中国人口基数大且在今后一段时间将继续增加，满足人们不断增长的物质和文化生活需要，也要求人均 GDP 迅速增长，因此这两个因素对中国控制碳排放增长起反向作用。中国所能采取的措施就是降低单位 GDP 能耗和提高可再生能源在一次能源消费中的比例。虽然控制碳排放与节能减排具有一致性，但节能减排只是当前中国低碳经济转型的一项具体行动。低碳经济包括低碳生产、低碳消费、低碳资源、低碳建筑、低碳交通、低碳生活、低碳环境、低碳社会等方方面面。

（十）低碳经济不是"交易经济"

建立中国碳交易市场，构建长期、透明并具有确定性的市场机制来推动碳减排，发掘中国巨大的碳市场潜力，拉动中国低碳经济增长已是当务之急。与欧美等国相比，中国仍处于高碳工业化为主导的发展时期（中国能源消费中，煤炭所占比重高达 69.5%)，能源结构不合理，通过政策和市场机制大力推动节能减排，提升碳经济有效性势在必行。现在国内很多城市热衷于碳排放权交易平台建设，如 2008 年先后成立的北京环境交易所、上海环境能源交易所以及天津排放权交易所。温室气体排放权交易只是一种市场经济手段，向低碳经济转型是一个系统工程，不能把低碳经济片面地理解为交易经济。

（十一）低碳经济与绿色经济、循环经济有同有异

在 2009 年 9 月 22 日，国家主席胡锦涛在联合国气候变化峰会开幕式上发表了题为《携手应对气候变化挑战》的重要讲话，提出中国要大力发展绿色经济，积极发展低碳经济和循环经济。其实，在实践中人们对于绿色经济、低碳经济和循环经济三个概念还存在诸多误解。低碳经济与循环经济既有联系也有不同。低

碳经济是有特定指向的经济形态，旨在实现与碳相关的资源和环境的有效配置和利用，在经济发展的同时，保护好人类生存环境。从低碳经济的内涵而言，减少能源消耗和提高能源效率是循环经济"减量化"的要求，而对二氧化碳等温室气体的捕集埋存，尤其是以二氧化碳封存并提高原油采收率等措施，则很好地体现了循环经济"再利用"和"资源化"的原则。此外，开发应用消耗臭氧层物质的非温室气体类替代品，则体现了循环经济在"再设计、再修复、再制造"等更广意义上的要求。因此，低碳经济与循环经济具有紧密的联系。

绿色经济则是一个概念相对模糊的提法。可以认为，凡是与环境保护和可持续发展相关联的经济形态和发展模式都可以纳入绿色经济的范畴。但是，绿色经济本身很难量化评估，并且没有从投入要素的角度提出社会经济发展所面临的约束性条件。而低碳经济则是在社会经济发展传统的基本要素（也即劳动、土地和资本）下，进一步将土地等自然资源投入细化为能源等自然资源的消耗和温室气体排放的环境容量，使得碳排放成为社会经济发展的一种投入要素和约束性指标。

绿色经济和低碳经济比循环经济的概念相对宽泛，不光是讲绿色生产，还讲绿色消费和低碳消费。绿色经济不等于低碳经济。绿色包括了伦理的、经济的、环境的方方面面。低碳经济的针对性特别强，其范围比绿色经济要小，但比循环经济要宽泛。绿色的不见得是低碳的。中国之所以对绿色经济更加关注和强调，在于中国传统的生态环境问题如水污染、大气污染和固体废弃物等问题尚未解决，希望在应对气候变化过程中把传统的污染物问题一并解决，发展低碳经济要寻求协同效应。相对于低碳经济，对绿色经济的评价比较困难，如绿色 GDP 的核算，几年前中国开展的绿色 GDP 研究之所以没有推广起来就是一个例证。绿色经济与低碳经济最大的区别在于绿色经济没有碳排放的刚性约束。

第二章　可持续发展理论

社会实践和理性思考都表明：社会经济活动和文明建设总是不断向前推进和发展的。但是，当经济和物质文化发展依靠牺牲人类赖以生存的资源、环境时，这就失去了意义。人类应当在不超出资源及生态环境承载力的情况下，实现人口、资源、环境与经济和社会发展的协调统一，既满足当代人的需要，又不损害后代人满足其需要的能力。20 世纪中叶以来，人们在实践中进一步意识到环境问题几乎伴随着人类文明的始终，单靠科学生态手段去修补是不可能从根本上解决问题的，必须在经济、生态和社会层面上去调控人类的行为，改变人类的思想。我们相信经过不断的探索和努力，社会能够走向理性和可持续发展的道路。

一、可持续发展概念

（一）可持续发展概念的提出

朴素的可持续发展思想历史悠久，在传统的农林业生产实践中可以找到这一概念的雏形，但作为当代的科学术语，其确切定义最早见于《世界自然保护大纲》。在大纲中，可持续发展被理解为"为使发展得以永续，必须考虑社会、生态以及经济因素；考虑生物及非生物资源基础"。世界自然保护联盟组织有关科学家，发表了另一份具有影响的文件——《保护地球》。这一文件从社会科学的角度将可持续发展阐述为在不超出生态系统融合能力状态下人类生活品质的改善。该文件还对可持续发展的社会提出了九项原则。

对可持续发展概念的形成和发展起重要推动作用的世界环境与发展委员会，于 1987 年 7 月向联合国提交了一份报告名为《我们共同的未来》。报告提出了一个公认的可持续发展理念，这是在全面和系统分析人类发展和环境保护上提出来的。报告认为既满足当代人的需求，又不破坏后代人需求的能力就是可持续发展。后来，许多来自不同领域的专家分别从本学科观念出发，提出了一些有关可持续发展的定义。尽管各家强调的侧重点有所不同，但在可持续发展的基本理念上大体一样。

（二）可持续发展概念的定义

当今关于可持续发展的概念有 100 多种，但被广泛接受影响最大的仍是《我们共同的未来》报告下的定义。可持续发展的概念在这篇报告中被定义为："既能满足当代人的需要，又不对后代人满足其需要的能力构成危害的发展。它包括两个重要概念——'需要'和'限制'。'需要'指的是基本需要，应将此放在特别优先的地位来考虑；'限制'指的是技术状况和社会组织对环境满足眼前和将来需要的能力施加的限制。"① 《我们共同的未来》报告对可持续发展的概念包括地方、区域及国际等层面。1980 年，国际自然保护同盟所作的《世界自然资源保护大纲》指出，要保证全球的可持续发展，就要研究自然、生态、社会、经济等在自然资源利用过程中产生的基本关系。1981 年，美国出版的《建设一个可持续发展的社会》一文指出要实现可持续发展就要保护资源、控制人口和开发再生资源。1992 年，联合国的环境与发展大会通过了《21 世纪议程》等相关文件。继而《中国 21 世纪人口、资源、环境与发展白皮书》在中国政府的编纂下出版，第一次在我国经济和社会发展的规划里纳入可持续发展战略。1997 年，中共十五大将可持续发展战略定位为现代化建设必须实施的战略。2012 年，党的十八大指出要更加自觉地把全面协调可持续作为深入贯彻落实科学发展观的基本要求，深入实施可持续发展战略。

（三）可持续发展的内涵

相关理论认为可持续发展包含两个关键组成部分，一是"需要"，二是对需要的"限制"。需要指的是，满足贫困人口的基本需求。而对需要的限制则指限制对未来环境需要的能力造成危害。

可持续发展主要是指生态、经济和社会的可持续协调统一。人类在发展中既

---

① 吴红波：《可持续发展是唯一选择》，《人民日报》2013 年 9 月 13 日。

要追求公平、讲究效率又要关注生态和谐，最终达到全面发展。可持续发展使得环境和发展问题很好地结合起来，并且已经上升为经济社会发展的战略。

1. 可持续生态方面。可持续发展的协调统一要求生态保护要与经济建设和社会发展相协调。发展要在地球的承载能力许可的范围内，必须保护生态环境，以可持续的方式利用自然资源。所以，可持续发展观认为无限制的发展是不可持续的。环境保护是生态可持续发展必须践行的，可持续发展要从根本上解决环境问题，就要转变经济发展方式。

2. 可持续经济方面。经济发展是国家实力的体现，更是社会财富的基础。因此，可持续发展鼓励 GDP 增长。不同的是，可持续发展更加注重绿色 GDP 的增长和经济发展的质量，而不是单纯追求经济数量的增长。传统经济的高投入、高污染、高消耗已经不再适应社会经济发展的时代要求，可持续经济发展要求采用文明消费和清洁生产的方式，节约资源、降低污染以及提高经济的效益。

3. 可持续社会方面。当今世界各国的国情不同，发展阶段不同，但可持续发展的要求不会变。那就是提高人类健康水平，改善人类生活质量，实现一个平等、自由的社会环境。

总而言之，新世纪人类应该追求以人为本的可持续发展，生态可持续是条件，经济可持续是基础，社会可持续是目的。

二、可持续发展理论的思想源流

（一）中国古代以永续利用为目的的朴素的可持续发展思想

1. 对林业、渔业、鸟兽资源永续利用

我们的祖先主张合理地使用自然资源，他们在早些时候就已经认识到对自然界的索取不能超过一定的限度。因为他们认识到在自然界中任何资源的再生能力都并非无限，所以他们对待自然资源秉持的态度是用之有节、取之有时、索之有方，而这些都体现在他们狩猎、捕鱼及耕种的生产活动中。这足以说明是古人永续利用的思想。人类生存的物质基础主要在于林业、渔业和鸟兽资源，古人早已认识到，应该对资源限制性地加以利用，否则资源必定会消耗殆尽，从而对人类的生存和发展造成影响，所以他们要让自然资源达到一种良性的循环，使资源可以休养生息，得以再生。历史上著名的周文王就深刻认识到这一点，他让自己的儿子周武王要按自然规律办事，增强对山林川泽的治理，合理节度地开发。他要

求：“山林非时不升斧斤，以成草木之长；川泽非时不入网罟，以成鱼鳖之长；不麛不卵，以成鸟兽之长。是以鱼鳖归其渊，鸟兽归其林，孤寡辛苦，咸赖其生。”管仲也曾对君王提出要保护山泽林木，认为这是基本的道德要求，强调：“为人君而不能谨守山林菹泽草莱，不可立为天下王。”圣人孔子也从伦理道德的角度指出“钓而不纲，弋不射宿”。梁惠王在治国理政的时候，孟子劝告梁惠王要合理使用资源，重视农业的可持续发展，如果要想自己国家的百姓比别国的多，这是必须要做的，因为山林河川遭到破坏就意味着民众会被迫流亡。荀子的治国安邦之策就包括资源保护，他指出：“圣王之制也，草本荣华滋硕之时，则斧斤不入山林，不夭其生，不绝其长也。”所有的主张都明确强调，人类在生产活动中不能无限制地掠夺资源，而是要适应大自然的规律，恰当合理地利用自然资源，这样自然资源才会用之不竭，为人类提供物质保障。①

2. 对土地资源永续利用

我国是一个有着悠久历史的农业大国，而土地又是农业的根本。因此，我国古代就已经特别重视对土地的合理使用和开发。《吕氏春秋》里提及关于土地肥力这样的辩证观：“地可使肥，又可使棘。”王充认为土地的肥瘠是在变化的，对于“性恶”的土地就需要“深耕细锄，厚加粪壤，勉致人功，以助地力”。管仲有过这样反对过度修建房屋的言论，他认为那样会挤占土地：“山林虽近，草木虽美，宫室必有度，禁发必有时。”对于土地的管理上，他认为国家必须要让人口数量与土地数量保持一致，达到协调的比例：“凡田野万家之众，可食之地，方五十里可以为足矣”；“夫国城大而田野浅狭者，其野不足以养其民。”

（二）马克思可持续发展思想

马克思虽然没有明确提出过可持续发展的要求，但在阐述人与自然的关系及物质变换时，马克思论及了当今社会关于可持续发展的主体部分。因此，马克思和恩格斯关于可持续发展观的阐述也可以看作可持续发展理论的先导。总的来说，它包含四个方面：

第一，马克思和恩格斯论及可持续发展理论的核心观点。他们认为自然、自然物质的存在使得人类的生存与发展更具有积极性。这主要体现在两个方面。首先，财富的创造不能离开自然。马克思在《资本论》中指出：“劳动过程……是

---

① 周慧兰：《我国古代朴素的可持续发展思想和实践》，《理论导报》2009 年 12 月 20 日。

制造使用价值的有目的的活动，是为了人类的需要而占有自然物，是人和自然之间的物质变换的一般条件，是人类生活的永恒的自然条件。"① 恩格斯在《劳动在从猿到人转变过程中的作用》一书中也表示，"政治经济学家说：劳动是一切财富的源泉。其实劳动和自然界一起才是一切财富的源泉，自然界为劳动提供材料，劳动把材料变为财富。"② 其次，人类改变自然就是改变人自身的自然。马克思指出："劳动首先是人和自然之间的过程，是人以自身的活动来引起、调整和控制人和自然之间的物质变换的过程……当他通过这种运动作用于他身外的自然并改变自然时，也就同时改变他自身的自然。"③ 由此可见，马克思和恩格斯重视自然、自然物质在人类生存与发展过程中的作用。

第二，马克思和恩格斯提及人与自然和谐共处的可持续发展思想。他们对人与自然的关系很是看重。因为早在一百多年前，他们就已经指出，人在改造大自然与利用自然物质时，绝对不能破坏人与自然和谐相处的平衡，这种和谐相处的局面一旦打破，人类将遭受沉重的后果。恩格斯有过这样一段经典的论述："我们不要过分陶醉于我们人类对自然界的胜利。对于每一次这样的胜利，自然界都对我们进行报复。每一次胜利，起初确实取得了我们预期的结果，但是往后和再往后却发生完全不同的、出乎预料的影响，常常把最初的结果又消除了。""因此，我们每走一步都要记住：我们统治自然决不像征服统治异族人那样，决不是像站在自然界之外的人似的，——相反地，我们连同我们的肉、血和头脑都是属于自然界和存在于自然之中的。"④

第三，马克思和恩格斯揭示了不可持续发展的根源。他们认为资本主义的生产方式打破了人与自然的和谐环境，从而导致了发展的不可持续。资本主义的生产方式就是要最大限度地获取利润，就在于获得最大的财富，"资本主义生产使它汇集在各大中心的城市人口越来越占优势，这样一来，它一方面聚集着社会的历史动力，另一方面又破坏着人和土地之间的物质变换，也就是使人以衣食形式消费掉的土地的组成部分不能回到土地，从而破坏土地持久肥力的永恒的自然条件。"⑤ 而"资本主义农业的任何进步，都不仅是掠夺劳动者的技巧的进步，而且是掠夺土地的技巧的进步，在一定时间内提高土地肥力的任何进步，同时也是破坏土地肥力持久源泉的进步。……因此，资本主义生产发展了社会生产过程的

① 《资本论》第 1 卷，人民出版社 1972 年版，第 208—209 页。
② 《马克思恩格斯选集》第 3 卷，人民出版社 1972 年版，第 508 页。
③ 《资本论》第 1 卷，人民出版社 1972 年版，第 201—202 页。
④ 《马克思恩格斯选集》第 4 卷，人民出版社 1975 年版，第 383—384 页。
⑤ 《资本论》第 1 卷，人民出版社 1972 年版，第 201—202 页。

技术和结合，只是由于它同时破坏的一切财富的源泉——土地和工人"。马克思表示："文明和产业的整个发展，对森林的破坏从来就起很大的作用，对比之下，对森林的养护和生产，简直不起作用。"①

第四，马克思和恩格斯指出社会制度的变迁从根本上推动了可持续发展的实现。只要资本主义生产方式存在，人与自然就不可能和谐相处下去。马克思指出，只有在"一个较高级的社会经济形态"中，人们才能够"只是土地的占有者，土地的利用者，并且他们必须像好家长那样，把土地改良后传给后代"。

（三） 当代西方可持续发展思想的渊源②

1968 年 4 月，民间国际学术组织的罗马俱乐部由美国、意大利、日本等国的专家发起成立。他们写出了综合性研究报告数十份，都对人类社会的发展产生深刻的影响。其中，1972 年的《增长的极限》报告应当是其中最著名的一篇了。这份研究报告指出："人类社会的发展由人口激增和加速发展的工业生产、农业生产、资源消耗和环境恶化五种互相制约的因素构成。""这五种增长趋势到 21 世纪会达到极限"，"为了使人类免于毁灭性的灾难，就必须让经济发展绝对服从环境保护的需要。"③

1970 年 3 月，一位环境法的教授在公害问题的国际会议上，提出了环境权的理论："我们请求，把每个人享有的健康和福利等不受侵害的环境权和当代人传给后代的遗产应是一种富有自然美的自然资源的权利，作为一种基本人权，在法律制度中确定下来"④。接着在《联合国人类环境宣言》中就出现了相似的规定。1987 年，为响应联合国大会的要求，世界环境与发展委员会作了一份长达 20 万字的报告，在这份《我们共同的未来》中，论述了一个基本的指导原则，那就是可持续发展的观点。这也是各国环境政策和发展战略的基本指导原则。可持续发展战略，是人类文明进程的重要一步，它是具有历史意义的战略转变。

《联合国气候变化框架公约》于 1992 年 5 月 22 日达成，很快就在 9 月 2 日举行的联合国环发大会上通过。这是针对全球气候变暖而产生的公约，它也是全球第一个为全面控制温室气体排放而产生的国际公约。《联合国气候变化框架公约》规定了一个共同但有区别的责任原则。从 1995 年 3 月 28 日第一次举行缔约

---

① 《马克思恩格斯选集》第 4 卷，人民出版社 1975 年版，第 383—384 页。
② 焦正安：《可持续发展思想渊源嬗变和提升及其他》，《经济研究导刊》2010 年第 30 期。
③ 金瑞林：《环境法概论》，当代世界出版社 2004 年版，第 24—35 页。
④ 曾繁仁：《试论人的生态本性与生态存在论审美观》，《人文杂志》2005 年第 5 期。

方大会以后，缔约方大会每年都会召开。在 1997 年第三次召开缔约方大会时，通过了《京都议定书》，因为这是在日本京都举行的。它规定主要的工业发达国家在 2008 年到 2012 年降低温室气体排放量的比例。接下来是 2007 年 12 月在印度尼西亚巴厘岛举行的第 13 次缔约方大会。这次大会形成了"巴厘岛路线图"，强调了"共同但有区别的责任原则"，而且纳入了新的缔约方美国。但美国却一直拒签《京都议定书》，因此美国能否履行发达国家应尽的义务一直受到质疑。按照美国的说法，即它排放的温室气体很大，约占全球总量的五分之一，但它创造的物质财富更大。因为美国一直没有履行应尽的职责，使得公约和议定书的权威大打折扣。

2009 年 12 月，联合国气候变化大会在哥本哈根召开。因为人们已经认识到自身需要修正行为，以确保人类和自然的永续发展，所以这次会议获得了全球其他会议从未有过的关注。就在与会代表以为歌本哈根会议可能不会取得任何结果的时候，温家宝总理以卓有成效的努力，代表了中国政府坚定的决心，推动了《哥本哈根协议》取得实质性的成效。联合国秘书长潘基文指出人类正面临气候变化带来的严重挑战，因为众多国家领导人都出席了这次史上最大规模的峰会，可见各国都已充分认识到问题的严峻性。

近 50 年的努力，从最初的民间学术组织到现在的气候变化峰会，从环境会议到气候变化大会，从没有实质行动的可持续发展战略到量化的节能减排，这是国际社会对人类生存发展与自然环境和谐相处作出的努力。

（四）中共领导人关于可持续发展的思想

1. 毛泽东、周恩来的可持续发展思想

党的第一代领导人毛泽东、周恩来都曾对可持续发展问题作出过探索，可以说他们关于可持续发展的思想是中国共产党的形成可持续发展思想的起始阶段。毛泽东缔造了新中国，更是社会主义建设的奠基人。在探索社会主义道路时，他提出的发展思想中蕴含着可持续发展的理论精华。毛泽东明确表明在进入社会主义建设后我们的方针是统筹兼顾，各得其所。毛泽东在《关于正确处理人民内部矛盾的问题》中又明确强调统筹兼顾思想。在社会主义建设时想问题做计划办事情，必须要以我国的六亿人口为出发点。如今党中央领导集体提出的要做到"五个统筹"，其实是在毛泽东统筹兼顾思想的基础上，增加的新内容。"五个统筹"顺应时代发展的要求，确保我国经济健康有序的发展。

针对经济的发展，1954 年周恩来在《政府工作报告》中就明确指出："社会

主义经济的唯一目的，就在于满足人民的物质和文化的需要，而为了充分满足人民的物质和文化的需要，又必须不断发展社会主义经济。""我们的一切工作都是为了人民的。我们的经济工作和财政工作直接或间接地都是为着人民的物质生活和文化生活的改善。"① 周恩来关于可持续发展的思想是在发展经济的同时不破坏环境，这是为提高当代人的物质文化生活，也是为后代人经济的可持续发展，而这正是当下全球提出可持续发展战略的主要思想。

针对保护环境资源，周恩来要求在发展工业时，要注意保护环境，否则就会造成环境污染，应该予以充分的重视。在 1964 年接见阿尔巴尼亚的客人时，周恩来强调煤气和石油在工业原料中的重要性，指出只要加以综合利用，就会有很大的前途。而且要注意研发新技术，因为石油和煤气中存在着很多可利用的东西，这些东西都是财富，不要造成浪费。还可以回收利用废物废气，实现废弃物的再利用，节约能源。在 1970 年，他与相关人员交谈时指出，中国的水资源丰富，内河的外海的水产是我们的优势，我们可以先搞海的开发，再开发江，但是在开发的同时要合理地处理工业废水的污染问题，不能破坏水资源。在 1971 年 4 月的全国交通工作会议上，周恩来在谈到保护环境问题时说，在发展经济建设过程中产生的废水、废气、废渣如果得不到解决，这些就会成为公害，污染环境。在西方，尤其是发达的资本主义国家，存在着严重的污染问题，我们在经济建设的时候要注意这方面的问题，不能走西方发达国家的老路。在 1972 年 9 月 8 日的国家计委和各省市自治区负责人会议上周恩来说，我们是社会主义的计划经济，这样肯定能解决工业污染，这也是为人民服务。我们在发展经济的同时就应该注意这个问题，绝对不做对不起子孙后代的经济建设。周恩来要求在工业生产时，要节约能源，减少废物的排放，注重质量，要清洁生产，并且控制污染。1973 年 9 月 16 日，西湖水面出现油污，针对这件事，周恩来作出指示，他强调要给子孙后代留下美丽的西湖，西湖应少用机动游艇来避免湖水被污染。1974年 3 月 31 日，周恩来在主持中央专委会议时针对核电站的设计建设，指出核电站建设必须绝对安全可靠，尤其在对放射性废气、废水、废物处理时，要从长远考虑。绝对不能污染国土，绝对不能危害人民的健康生活。周恩来使我国的环境保护实现了制度化、经常化，因为他是环境保护机构和环境保护法规的创立者。1973 年 8 月 5 日至 10 日国务院首次环境保护会议，在周恩来的主导下召开。会议制定了新中国第一部环境保护的综合性法规——《关于保护和改善环境的若

---

① 周恩来：《政府工作报告——1954 年 5 月 23 日在中华人民共和国第一届全国人民代表大会第一次会议上》，《人民日报》1954 年 9 月 24 日。

干规定（试行草案）》。

周恩来关于可持续发展的基本思想是有创见、有远见的，这一指导思想，为我国的现代化做出了巨大贡献。虽然在当时的情况下，周恩来的思想没能得到良好的实施，但他的相关思想为中国共产党可持续发展思想的发展做了重要的探索。①

2. 邓小平的可持续发展思想

邓小平有着长远战略眼光，他在对经济可持续发展问题上，特别是对经济发展与环境、经济发展与资源的关系等问题上有着自己的视角。邓小平在自己的著作中并没有直接提出关于经济建设可持续发展的要求，他也没有直接以系统的方法表达经济建设可持续发展的理论。但这不能表示邓小平理论中没有丰富的经济建设可持续的发展思想。

第一，提高人口素质，控制人口增长，扩大劳动就业是经济建设可持续发展的基本条件。邓小平认为，我国是人口大国，人多有好的一面，也有不好的一面。例如在生产力发展相对滞后的条件下，大量的人连吃饭都存在问题，更不用说教育和就业问题了。邓小平要求抓好计划生育工作，由于我国人口基数太大，人口多的问题在一定时间内是必然继续存在的。中国要实现现代化，就必须结合中国的实际情况。我国人口基数很大，要统筹兼顾，否则就业不充分将是我国长期面临的大问题。要达到经济、社会的协调发展，就要贯彻经济建设的可持续发展战略，而这就要求高素质的人口，充分的就业保障和一定限度内的人口数量。

第二，经济建设可持续发展的前提条件是良好的资源和环境状况。邓小平关于经济建设可持续发展的理论主要立足于充足的资源和良好的环境。他认为良好的环境和丰富的资源是人类赖以生存和发展的基础。经济社会要取得长足的发展进步，实现可持续的发展，就要保护资源和环境。他在指导工作时，突出体现了他的这一思想。例如，在核电站建设问题上，他指出我们要发展核电站但也要注意自然环境的保护。他还指出植树造林不仅可以绿化祖国，更重要的是可以造福后代。正是邓小平的可持续发展思想，使我国经济建设逐步认识到环境保护的长远意义，并投入大量的人力、物力、财力用以改善环境，防治污染。我国一度资源价格不合理、商品高价、原料低价的形势得以改变，为推进资源价格合理化、转变经济增长方式，有偿有序地利用资源，做了充分的准备工作。

---

① 范恒林、邱英汉：《高瞻远瞩　经纶千秋——周恩来的可持续发展思想探析》，《中国资源综合利用》2000 年第 5 期。

第三，经济建设可持续发展的重要条件就是协调地区间的发展。经济建设的可持续发展不是一个地区的富裕，而是各地区共同的发展。系统论和协调论主要阐述的就是只要协调地区间的发展，总体上经济的最优化、最大化才会实现，可持续发展才成为可能。中国国土面积广大，区域发展的条件存在很大差异，经济发展也存在区域差异。沿海、沿边地区在发展条件上具备一定的优势，内陆西部地区相对动力不足，要先发展沿海、沿边地区以带动和帮助内地共同发展。邓小平就强调要先富带动后富，最终实现共同富裕。他要求加快沿海地区对外开放力度，使沿海地区先发展起来，从而带动内地发展，最终实现全国的共同发展。

第四，可持续发展的经济建设最终目的是人民生活水平的提高。人民的物质文化水平提高，才可以体现社会主义制度的优越性。否则，社会主义只是一种空想。民富国强也是邓小平青年时的理想。邓小平认为物质生活是基本的保障，只有保证物质生活的提高，文化的水平提高才有可能。所以要不断发展经济建设，改善人民的物质生活。但是经济建设要以可持续发展作为基础，离开了可持续发展，资源遭到破坏，环境遭到污染就不可能真正保障人民物质文化水平的提高。

3. 江泽民的可持续发展思想

江泽民继承和发展了邓小平建设经济社会的观点，以我国的国情为基本出发点，认真地思考了可持续发展的方方面面，指出："在我国现代化建设中，必须把实现可持续发展作为一项重大战略方针。"

第一，实现自然资源合理利用。我国号称资源大国，物产丰富，但是我国资源的人均占有量却很低，尤其是耕地、矿产和水等关系人类发展的资源。江泽民同志一直强调，发展经济必须要合理利用资源。针对耕地问题，江泽民同志指出我国人口多，耕地面积偏少，而且耕地面积还在逐渐减少。因而保护耕地的任务也显得迫在眉睫。耕地问题是我国的大问题，我们既要解决当代人的吃饭问题，还要考虑到子孙后代的吃饭问题，这关乎国家的安全和民族的未来。因此，合理利用耕地，绝不能掉以轻心，否则，我们就会犯下历史性的错误。

第二，加强生态环境保护。衡量一个国家文明的程度也可以从环境质量和环境意识的角度加以考察。现在环境问题的影响范围越来越广，它涉及的领域包括国际政治、贸易、经济等众多领域。江泽民同志指出："环境保护工作，是实现经济社会可持续发展的基础。一定要从全局出发，统筹规划，标本兼治，突出重点，务求实效，进一步控制全国污染物排放总量，改善重点地区环境质量，努力遏制生态环境恶化趋势。"①　江泽民认为，我国环境政策应该像计划生育政策一样上升为我国的一项基本国策，这样才能避免环境的恶化。虽然人们已经认识到环境问题的严重性，但环境保护的效果并不是很明显。所以，我们要认识到环境保护工作是一项长期、艰巨、复杂的工作。在促进我国经济健康持续发展的情况下，我们要遏制环境的继续恶化，缓解环境污染。我们的目标是降低全国污染物的排放量，我们行动的导向是解决结构性的污染，而这就要借助我国战略性调整经济结构的时机，淘汰污染环境的企业，淘汰落后的企业，淘汰落后的生产方式。要走生态农业的发展道路，确保农产品的安全，保护自然生态环境。

第三，促进人的全面发展。江泽民同志指出，可持续发展表面上解决的是人与自然的关系，但更注重协调人与人之间的关系，促进社会的和谐发展。在庆祝中国共产党成立八十周年的大会上，江泽民同志指出："我们建设有中国特色社会主义的各项事业，我们进行的一切工作，既要着眼于人民现实的物质文化生活需要，同时又要着眼于促进人民素质的提高，也就是要努力促进人的全面发展。这是马克思主义关于建设社会主义新社会的本质要求。我们要在发展社会主义社会物质文明和精神文明的基础上，不断推进人的全面发展。"②

4. 胡锦涛的可持续发展思想

在全面建设小康社会新的发展阶段，必须要大力践行科学发展观，走科学的可持续发展道路。科学发展观的内涵相当丰富。

第一，发展是执政兴国的第一要务。以胡锦涛为核心的党中央领导集体，十分重视发展，将发展作为执政兴国的第一要务。牢牢扭住经济建设这个中心不放松，把解放和发展社会生产力作为社会主义社会的根本任务，坚持聚精会神搞建设、一心一意谋发展，不断解放和发展生产力。中国特色社会主义需要国民经济又好又快的发展，为社会主义伟大理想打下最坚实物的质基础。

第二，以人为本是科学发展观的核心。以人为本是作为科学发展观的核心思想，充分体现了中国共产党的根本宗旨是全心全意为人民服务。要始终把实现好、维护好、发展好最广大人民的根本利益作为党和国家一切工作的出发点和落脚点，解决好人民群众最关心、最直接、最现实的利益问题，做到发展为了人民、发展依靠人民、发展成果由人民共享。始终坚持把人民的利益放在第一。坚持以人为本，就要坚持立党为公、执政为民。始终做到权为民所用、情为民所

①　《江泽民文选》第一卷，人民出版社 2006 年版，第 519 页。
②　《江泽民文选》第一卷，人民出版社 2006 年版，第 520 页。

系、利为民所谋,始终把最广大人民的利益作为中国共产党一切工作得失的最高标准。将人的全面发展与经济社会的发展结合起来,既是满足人民日益增长的文化需要,也是提高人们的综合素质。

第三,全面协调可持续是可持续发展观的基本要求。科学发展观强调全面协调可持续地发展。全面推进经济建设、政治建设、文化建设、社会建设,实现经济发展和社会的全面进步。协调发展,就是努力促进社会建设的各个环节、各个方面的相互协调,促进生产关系与生产力、上层建筑与经济基础相协调。坚持生产发展、生活富裕、生态良好的文明发展之路,建设资源节约型、环境友好型社会,实现速度、结构与质量效益的统一,经济发展与人口资源相协调,使人民在良好的生态环境中生产生活,实现经济社会永续发展。全面发展指的不仅仅是发展经济,而且还注重政治、文化和社会共同发展。协调发展,就是要求各个发展部门之间,产业之间,要有合理的发展比例,使社会处于高效发展之中。可持续发展,就是在考虑发展经济的同时考虑环境的承载力。不仅要实现如今社会的发展,还要考虑子孙后代的发展需求,使社会发展达到良性循环。社会是一个有机整体,要实现全面协调可持续的发展,就要涵盖社会发展的各个领域,处理好发展中出现的矛盾和问题,把长远利益和全局利益结合起来,实现小康社会的全面发展。

第四,统筹兼顾是科学发展观的根本方法。科学发展观要达到全面的发展,就要做到"五个统筹"。统筹城乡发展、区域发展、经济社会发展、人与自然和谐发展、国内发展和对外开放。在大力发展经济的同时,兼顾经济社会各个方面的发展要求,实现经济社会各构成要素的良性互动,在统筹兼顾中求发展、以发展促进更好的统筹协调,促进经济发展和社会全面进步。[①]

5. 习近平的可持续发展思想

党的十八大以来,习近平总书记发表了一系列关于推动可持续发展的重要论述。这指明了我国经济社会的发展方向。

第一,以人为本的可持续发展观。科学发展观内涵丰富,它是理论问题,更是实践问题。目前,中国发展中还存在严重的问题,不协调、不平衡和不可持续问题依然严重。针对这种情况,我们尤其需要有一个科学的发展思路,而这集中体现在如何处理经济的增长速度上。我国的国情要求我们要大力发展经济,促进

---

① 参见胡锦涛:《高举中国特色社会主义伟大旗帜 为夺取全面建设小康社会新胜利而奋斗》,《人民日报》2007 年 10 月 25 日。

人们物质文化生活的提高，而这就要求经济要有较快的增长速度。然而速度并非越快越好，过快的发展速度，必定造成质量和效益的低下。改革开放三十多年来，我国的经济取得了长足的发展，与此同时也带来了生态环境的问题，如果我们继续追求高速度，就会加剧生态环境的破坏，违背经济发展的客观规律。党的十八大提出到 2020 年要实现国内生产总值翻一番，这样的目标显然对当今中国的发展并非难事，只要在接下来的几年维持 7% 左右的增长就可以实现。习近平客观分析了我国经济的内外部环境，指出要稳中求进，切实促进我国经济健康持续发展。只有转变经济的发展方式，才能稳中求进。要综合考虑社会的承载条件、社会的需求和社会发展的内在潜力，以达到速度、效益的平衡，使社会的承受能力与环境的承载能力相适应。①

以人为本是我国发展经济不可更改的目标。党和国家的一切工作其根本目的就是要在发展经济的基础上改善人民的生活。检验工作的成效主要在于看人民群众是否得到实惠。这也是党和国家事业不断发展的保证。习近平总书记用朴实的语言提出我们的奋斗目标就是要实现人民对美好生活的向往，阐明了我们党全心全意为人民服务的宗旨。

第二，"不简单以 GDP 增长率论英雄"的经济考核思想。习近平总书记提出的"不简单以 GDP 增长率论英雄"的本质是科学发展观，是强调以人为本的发展，全面协调发展和可持续发展的经济思想。首先，"不简单以 GDP 增长率论英雄"要求"更加重视劳动就业、居民收入、社会保障、人民健康状况"，体现了以人为本。其次，"不简单以 GDP 增长率论英雄"要求既考核经济发展，也考核居民收入，还考核生态效益。把社会进步、改善民生和生态效益等作为重要的考核内容，体现了全面、协调的发展观。最后，"不简单以 GDP 增长率论英雄"，要求加大资源消耗、环境损害和生态效益等评价指标的权重，强调资源节约和环境保护的重要性；同时也要求加大产能过剩、新增债务等评价指标的权重，强调考核"解决自身发展中突出矛盾和问题的成效"，体现了可持续发展观。②

第三，大力推进生态文明建设。党的十八大报告强调，建设生态文明，是关系人民福祉，关乎民族未来的长远大计。2013 年 5 月，习近平在主持中共中央政治局第六次集体学习时指出，建设生态文明，关系人民福祉，关乎民族未来。生态保护具有长远的意义，是利国利民，功在千秋的大事。我们要在思想上要高

---

① 《习近平在广东主持召开经济工作座谈会时强调　坚定必胜信心　增强忧患意识坚持稳中求进　推动经济持续健康发展》，《人民日报》2012 年 12 月 11 日。

② 习近平：《习近平谈治国理政》，外文出版社 2014 年版，第 111—112 页。

度重视生态保护和污染治理，这是一项系统和复杂的工程。我们要真正下决心治理环境污染、保护生态环境，这才是对人民负责，对社会主义事业负责，对后代子孙负责。我们要创造一个良好的生态环境，努力走上社会主义生态文明社会。习近平的这番论述深刻揭示了生态文明建设的重大意义，表明了我们党进一步加强生态文明建设的坚定决心和坚强意志。①

建设生态文明，关系人民福祉。习近平2013年4月在海南考察时指出，良好生态环境是公平的公共产品，是最普惠的民生福祉。蓝天白云、新鲜的空气、清洁的水源和安全的食物等，都是人民群众对于良好生态环境的直接印象，也是人民群众对于建设生态文明的现实向往。良好的生态环境不仅是保证人民群众身体健康的重要前提，也是衡量人民群众生活质量的重要指标。② 2013年9月9日，习近平总书记在哈萨克斯坦纳扎尔巴耶夫大学发表演讲并回答学生们提出的问题，在谈到环保问题时他提出的青山绿水讲话，切实地表达了我们党和政府在推进生态文明建设上鲜明态度和坚定决心。要贯彻节约资源、保护环境的基本国策，尊重自然并保护自然，把生态文明建设融入社会主义建设的全过程，努力实现美丽中国梦。③

三、可持续发展的理论基础

（一）可持续发展的哲学渊源

可持续发展从哲学角度思考是由两方面的关系构成的，即人与人的关系和人与自然的关系。人类社会可持续发展的哲学基础就是这两方面关系的协调发展理论。

凡是基于不可再生资源的社会发展都是有极限的发展，都是不可能持续的。这主要是由于人与人的关系以及人与自然的关系的难以协调。可持续发展从本质上说其是一种辩证发展。只有发展建立在异样形式的发展基础之上人类社会的发展才有可能持续。人类要善于捕捉时机，实现发展基础的转换，社会才可能真正实现可持续发展。就像社会的运行离不开促进其运行的能源系统。虽然世界资源

① 习近平：《习近平谈治国理政》，外文出版社2014年版，第208—210页。
② 《习近平在海南考察时强调加快国际旅游岛建设谱写美丽中国海南篇》，《人民日报》2013年4月11日。
③ 习近平：《习近平谈治国理政》，外文出版社2014年版，第287—290页。

丰富，但建立在以某种能源为能源基础之上的社会，要想实现可持续发展，就要进行能源基础的转换。古往今来，人类已经实现了多次能源基础的转换。这表明人类转换能源基础的能力在不断增强。所以，如果从理论上说，人类社会要实现可持续发展是可能的。

（二）可持续发展的科学技术引导

人类社会和科技的发展史表明，同化和异化两种运动并存于人类社会和科技之间，并且以同化运动为主要过程。社会和科技的两种运动（同化和异化）贯穿于人类社会的发展过程。我们要以谨慎乐观的态度对待科学技术，但是这种乐观不是盲目的，要建立在科学基础上。因为科学技术的异化所带来的影响难以判断，所以我们要保持清醒的头脑，这关系到人类的命运。科学技术是人类社会发展的重要推动力量。要保持良性的自然生态环境发展，依靠没有实质功效的保护环境或者依赖自然自身都是不可能实现的。唯有运用自然规律，借助科学技术的力量，才能促进生物的生存和发展向良性的方向转化。生态学原理指出在某一限制因素达到它的临界值时，其他因素再也起不到作用，就像农业生产，只要缺水，即使使用充足的优质化肥也无济于事。这样做的结果收效甚微，而且还会造成减产。要改变这种状况，就要依靠科学技术的力量。

（三）可持续发展的文化支撑

人类社会要实现社会、经济、人口和环境的协调发展就必须走可持续发展道路。要实现这样协调发展的目标，就要有长效的文化来支撑可持续发展，而这就需要在文化基础方面的建构。可持续发展包括共同性原则、持续性原则和公正性原则。这三原则的具体落实都要面临人类发展需要何种生活和生产方式的问题。这就是在可持续发展当中要考虑的文化基础问题。

第一，环境文化观的建立。这样全新的环境文化观是在传统工业文明上的批判与创新，这是人类随着社会发展而在思想观念领域产生巨大变革的结果，这样的结果更加注重自然法则，使得自然法则以在更高的要求回归。随着可持续发展理念的践行，以及由生态恶化产生的负面影响，社会各个领域都已经接受人与环境和谐相处的文化理念。这种文化理念的全方位渗透说明人类正逐步走向生态工业文明，人类不能随心所欲地追求自身利益，不能以自己的标准进行生产和生活，而要尊重自然，践行生态理念，要按自然法则生产、生活。保护和建设生态环境，主要取决于两个方面。一是取决于对生态环境质量需求的程度，也可以说是人们对环境清洁的要求以及对外在花费的承受水平。二是取决于防治污染的投入和资源的如何利用。社会在不断发展，人类也在不断进步。社会发展的程度，决定着人们对环境质量的要求程度。人类对环境的要求以及为了这份要求所能承受的人力、物力、财力投入都是随着人类自身的发展变化而变化的。在刚开始发展的阶段，人们发展生产不会对生态环境给予过多的关注，因为最主要的目的就是要实现基本消费和满足基本需求。人类需求的扩大导致活动范围的不断扩大。然而由于环境对污染的承受能力是有限的，这种扩大就必然造成大规模地开发生产，最终导致环境质量也越来越不能满足人类的需求。当前我国能源消费很大，这一方面是由于要满足经济发展，而另一方面是因为我国控制性定价所带来的能源低价格。特别是关于能源消费的税收政策没有推出，使得消费者没有内在动力采取节能措施。如今，我国政府正在考虑征收能源税，以缓解能源耗费问题，这将有利于国家可持续发展战略。

第二，环境主体间性观的建立。针对可持续发展文化基础的构建，我们将交往理论里的主体间性引入环境伦理学，并赋予新的内涵。我们参照可持续发展理论理解主体间性，再结合哲学家的认识，认为环境主体间性就是人类社会在生产和生活中对生存与发展问题以可持续发展的主要原则所达成的共识。这种本身就是一种文化。因为这种文化足以促使当代人和后代人形成可持续的发展理念。就像生态环境质量所具有的公共物品性和社会经济活动产生的外部效应，使生态资源和环境容量不能合理配置，造成人们无限制地获取公共资源，使得人们在处理短期利益与长期利益、个人利益与集体利益时问题层出不穷。生态环境问题的经济学原因就是人们对短期利益和个人利益的需求所造成的环境污染以及生态破坏。如果环境主体间性能在广泛的社会成员间建立起来，人们就会以长远视角审视自己和社会的未来，实现人类共同利益的维护。全社会都应致力于改善环境质量和维护生态平衡，要树立全球意识，共同努力，改变不利于生态环境的生活方式和生产方式，为地球的美好未来贡献自己的力量。

四、当代中国可持续发展理论研究

（一）中国可持续发展理论研究综述

1992 年，可持续发展的理念在联合国环境与发展会议上获得各国普遍认可。中国政府率先响应，在 1994 年 3 月发布《中国 21 世纪议程》。此后国内形成了一股研究可持续发展的热潮，理论界结合自身的领域从不同的角度来研究可持续发展。

1. 可持续发展理论的产生

张坤民认为，可持续发展理论是产生在人类生存和发展的环境以及资源遭到破坏的背景下提出来的。20 世纪六七十年代，人们已经认识到一些著名的全球性环境污染，尤其是"公害"的出现和它带来的严重后果。人们在不断反思环境问题，并于 80 年代提出可持续发展思想[1]。

陈耀邦认为，可持续发展思想是 80 年代人们在对全球环境与发展问题反思基础上提出的一个新概念。1987 年，世界环境与发展委员会的报告《我国共同的未来》对这一概念的定义是：可持续发展是指既满足当代人的需要，又不损害后代人满足需要的能力的发展。这一概念定义，逐步被接受和认可，并在 1992 年联合国环境与发展大会上成为全球范围内的共识[2]。

述孔认为，80 年代中期，欧洲的发达国家首先提出可持续发展，当时定义的数量达 10 种以上，还包含了一些极端的定义，那就是限制第三世界国家经济发展。1989 年 5 月，联合国发布的《环境署第 15 届理事会关于"可持续发展"的声明》最终形成一个国际共识："可持续的发展系指当前需要而又不削弱子孙后代满足其需要之能力的发展，而且绝不包含侵犯国家主权的含义。环境署理事会认为要达到可持续的发展，涉及国内合作及跨越国界的合作。可持续的发展意味着走向国家和国际的公平，包括按照发展中国家的发展计划、轻重缓急及发展目的，向发展中国家提供援助。此外，可持续发展意味着要有一种支援性的国际经济环境，从而导致各国特别是发展中国家的持续经济增长与发展"。[3]

杨建文认为，可持续发展概念经过一段时间的完善，由最初强调的"代际公正"到响应广大发展中国家要求的"代际公正"和"代内公正"，这里面就强调任何人的发展不应该损害其他人的利益[4]。

刘思华用三个时期来划分可持续发展理论。可持续发展理论提出与形成时期是 70 年代初至 1987 年的《我们共同的未来》报告；理论深化与完善时期是 80 年代后期至 1992 年联合国环境与发展大会的召开；此后的几年间，可持续发展理论成为世界许多国家制定经济社会发展总体战略的指导原则，人类进入可持续

---

① 张坤民：《可持续发展论》，中国环境科学出版社 1997 年版。

② 陈耀邦：《可持续发展战略读本》，中国计划出版社 1996 年版。

③ 述孔：《"可持续发展"的由来和发展》，《人民日报》1996 年 4 月 25 日。

④ 杨建文：《可持续发展：走出传统的误区》，《上海经济研究》1996 年第 10 期。

发展的新时期。①

2. 可持续发展概念的认识

叶文虎、栾胜基将可持续发展定义为，不断提高人群生活质量和环境承载能力的，满足当代人需求又不损害子孙后代满足其需求能力的，满足一个地区或一个国家人群需求又不损害别的地区或国家的人群满足其需求能力的发展②。

冯华（2004）对可持续发展给出的概念是这样的，他认为可持续发展的目的是让人类能够长期在地球上生存和发展。因此，可持续发展就是以资源、生态、人口、环境为基础，发展经济。可持续发展的目标是人的全面发展和社会的全面进步，以达到同代人之间、代际人之间以及人与自然协调发展的模式。

刘培哲（1994）定义可持续发展：可持续发展是能动地调控"自然—经济—社会"复合系统，使人类在不超越资源与环境承载能力的条件下，促进经济发展、保持资源永续和提高生活质量。③

冯国瑞等认为，可持续发展包括资源、环境、经济、社会四大系统的协调发展。④ 陈义平则认为，可持续发展是由人口、经济、社会、资源、环境五个子系统组成的巨型复合系统。⑤ 韩光辉认为，可持续发展是一个涉及社会、经济、文化、技术及自然环境的综合概念。⑥ 王军认为可持续发展包括生态持续、经济持续和社会持续，三者互相关联。生态持续是基础，经济持续是条件，社会持续是目的。⑦ 何中华、刘思华、承继成等的表述与王军相似，但承继成还提出可持续发展的核心是科技与教育。⑧ 路子愚（1995）关于可持续发展的定义是这样的，他认为在人类需求增加、人类资源利用持续圈扩大的过程中，人类持续圈总是比资源利用持续圈小。他认为，我们既要当今需求圈增长，还要为未来的持续圈的增长留下空间。就像对生物物种的保护可以扩大未来持续圈。

3. 可持续发展实现途径的研究

通过10年来我国经济理论界的研究，在可持续发展实现途径的方面形成了

① 刘思华：《可持续发展经济学》，湖北人民出版社1997年版。
② 叶文虎、栾胜基：《论可持续发展的衡量与指标体系》，《世界环境》1996年第1期。
③ 刘培哲：《可持续发展——通向未来的新发展》，《中国人口、资源与环境》1994年第3期。
④ 冯国瑞：《可持续发展战略研讨会综述》，《光明日报》1997年4月26日。
⑤ 陈义平：《谈"可持续发展"与"协调发展"的关系》，《广州日报》1997年7月18日。
⑥ 韩光辉：《关于可持续发展的历史地理学认识与实践》，北京大学出版社1995年版。
⑦ 王军：《可持续发展》，中国发展出版社1997年版。
⑧ 何中华：《影响当今及未来的"可持续发展"观》，《经济研究》1997年第3期。

三个主要观点。

第一，可持续发展的市场调控途径。认为可持续发展既是目标，又是手段，既强调保护，又强调发展，是环境保护与经济增长两种力量的妥协或矛盾的统一。基于这种认识，提出了可持续发展的市场调控优化模型。认为在可持续发展的过程中要开放市场价格，调节环境与自然资源的初级产品，增加改善环境的投资，改善环境的质量与容量；合理进行干预，克服市场机制的局限，实现经济社会与环境多目标的协同①。

第二，实现可持续发展的综合途径。认为实现可持续发展需要从多个方面着手，采取综合的途径，这些途径有：将资源、环境价值、环境污染与资源耗竭的损失纳入国民收入核算体系，推行可持续发展的产业政策，建立生态经济体系；改进社会发展模式，实现经济增长方式从粗放向集约的转变，并转变消费方式，实现资源的合理利用；调整经济政策，建立可持续发展的宏观调控体系②。

第三，可持续发展的制度途径。可持续发展是由于人的不合理行为而引起的，而从本质原因上来看，是由于制度的不合理而引起的。因此，实现可持续发展就必须强化制度安排，对人的行为进行激励和约束，抑制人类破坏生态环境的机会主义倾向。而制度安排的强化应从正式制度安排与非正式制度安排两方面来着眼。③ 长久以来，我国理论界一直的热点就是制度分析，因为新古典体系在环境问题的解释上不足以说明环境问题的实质，即人与人之间的社会关系，这就让制度分析成了研究的热点。我国的夏光研究院提出"环境权益的市场化代理制度"。厉以宁教授更是强调在可持续发展研究中制度分析的必要性。

4. 可持续发展模式的研究

关于可持续发展模式的研究，在经济理论界已经形成了三种典型的模式。

第一，外部治理模式。这是西方国家的一种模式。这种模式是在保持原有工业化体系不变和原有工业化好处不受损失的前提下，解决经济增长与环境的矛盾。这种模式对于现行工业经济活动造成的外部效应主要通过以下途径来解决：一是征收庇古税，通过税收的强制性来抑制环境污染行为。二是通过重新界定产权或产权制度安排，在产权的激励和约束下，使外部效应内部化。三是通过法律

---

① 潘家华：《持续发展实现途径的经济学分析》，中国人民大学出版社 1994 年版。

② 曲福田：《可持续发展的理论与政策》，中国经济出版社 2000 年版。

③ 任保平：《中国可持续发展 10 年研究的述评》，《西北大学学报》（哲学社会科学版）2003 年第 8 期。

法规的强制性约束来改变生产程序。①

第二，三类资本的相互增值模式。这一模式认为可持续发展涉及三类资本：物质资本、人力资本与生态资本。在传统的经济理论中，人们往往把社会总资本等同于物质资本，在经济活动中往往追求物质资本的利用与增值，而忽视人力资本和生态资本的有效利用。造成了生态环境的严重破坏，形成了经济发展的不可持续性。要实现可持续发展关键在于实现三类资本的相互增值，因而"三类资本的相互增值是可持续经济发展的最佳模式"。②

第三，层次性模式。这一模式认为发展是一个国家的公共产品，可持续发展中的可持续一国不可能单独完成。因为可持续超越国界，实施可持续发展战略就是各个国家共同享受这一模式带来的公共产品生产。实际情况是，发展中国家和发达国家的理念是不一样的。发展中国家的国情决定一切要以经济建设为中心，主要在发展经济。发达国家已经发展到一定的程度，它们的发展重心侧重于可持续的发展，而且发达国家的可持续发展成本相对偏低。所以，要尊重各国经济主体间的差异，充分考虑与其他国家的经济发展水平，接受一些局部性、小区域的生态恶化减缓性发展。

5. 可持续发展经济内涵与特征的研究

20 世纪 80 年代，《我们共同的未来》提出可持续发展的概念。这一报告认为可持续发展是要在满足当代人的需要的同时，满足后代人的需要，不损害后代人需求的发展。在此基础上，我国学者是以下这样解释可持续发展的经济内涵的。

第一种观点认为可持续发展包括三方面的含义：一是人类与自然界共同进化的思想；二是世代伦理思想；三是效率与公平目标的兼容。并认为可持续发展的目标是恢复经济增长，改善增长质量，满足人类基本需要，确保稳定的人口水平。③

第二种观点认为可持续发展包括生态持续、经济持续和社会持续，它们之间相互联系不可分割。并认为可持续发展的特征是鼓励经济增长；以保护自然为基础，与资源环境的承载能力相协调；以改善和提高生活质量为目的，与社会进步

---

① 刘燕华、周宏春：《中国资源形势与可持续发展》，经济科学出版社 2001 年版。
② 邱东、宋旭光：《可持续发展层次论》，《经济研究》1999 年第 2 期。
③ 刘东辉：《从增长极限到持续发展——可持续发展之路》，北京大学出版社 1994 年版。

相适应。①

第三种观点认为可持续发展就是可持续的经济发展，"是指在一定经济发展战略下，在社会生产—流通—分配—消费等方面，加强保护和管理资源，推动科技进步和体制创新，使可持续发展经济系统功能——结构调整、重组和优化，保证在无损于生态环境的前提下，实现经济的持续增长，促进经济社会全面发展，从而提高发展质量，不断增长综合国力和生态环境的承担能力，来满足当代人对日益增长的生态、物质、精神的需要，又为后代人创造可持续发展的基本条件的经济发展过程"②。

第四种观点认为可持续发展的经济内涵是指在保护地球自然系统基础上的持续经济发展。是在开发自然资源的同时保持自然资源的潜在能力，以满足未来人类发展的需要。③

第五种观点认为传统可持续发展的概念很模糊，是无代价的经济发展。据此将可持续发展定义为："以政府为主体，建立人类经济发展与自然环境协调发展的制度安排和政策机制，通过对当代人行为的激励与约束，降低经济发展成本，实现代内公平与代际公平的结合，实现经济发展成本的最小化。既满足当代人，又不对后代人满足其需要的能力构成过大的危害，既满足一个国家或地区发展的需要，又不对其他国家和地区的发展构成过于严重的威胁。"④

（二）国内可持续发展理论的研究评述

随着国家深入实施可持续发展战略，学术界已经十分关注我国相关区域的可持续发展问题，并且取得了很大的进展。但是，在区域可持续发展的研究中，这些成果仍然不足以解决以下问题。

1. 缺乏独具特色、完整的理论体系。在研究的理论体系上仍存在问题，首先表现在理论的进展慢，多数理论只是在哲学上的理论；其次，难以将相关学科的理论融为一体。

2. 区域客观条件制约着区域的可持续发展。主要包括，企业生产追求盈利性目的与局部地区环境、资源的矛盾；区域对提高物质生活的欲望与当地资源条

---

①　王军：《可持续发展》，中国发展出版社 1997 年版。

②　刘思华：《可持续发展经济学》，湖北人民出版社 1997 年版。

③　洪银兴：《可持续发展经济学》，商务印书馆 2000 年版。

④　王忠民、任保平：《可持续发展理论的经济学反思》，《西北大学学报》2002 年第 3 期。

件限制的矛盾；还存在着贫困地区与发达地区的矛盾；贫困地区在选择何种发展方式满足其内在需求的矛盾；等等。上述问题都是制约可持续发展问题的主要表现。虽然这些问题的解决相当困难，需要学术界的努力，但只要这些问题得到解决就会对可持续发展战略实施区域产生重大的实践意义。

3. 现有的评价体系和方法存在缺陷。它就像把可持续发展的指标体系与社会发展的指标体系等同起来，这就是没有科学区分好可持续发展与社会发展的差别；有些评价侧重于环境，有些评价侧重于经济，有些评价则侧重于人文；不仅如此，现有的评价体系都不能进行有效的动态评价，这样的评价体系和方法没有有效的调控和预警功能；有的评价虽然进行了复杂的计算，但是结果并不理想，与人均 GDP 指标没有差异，与定性分析也没有多大的差异；这样的评价体系和方法虽然重视对发展现状或发展水平的评价，但其忽视了对发展能力的评价。总而言之，如今的社会仍没有公认的精细、具体的测度方法测量何种的区域的发展是可持续发展①。

---

① 曾昭斌：《我国可持续发展理论研究述评》，《南阳师范学院学报》（社会科学版）2007 年第 11 期。

第三章　生态经济理论

生态经济是指在生态系统承载能力范围内，运用生态经济学原理和系统工程方法改变生产和消费方式，挖掘一切可以利用的资源潜力，发展一些经济发达、生态高效的产业，建设体制合理、社会和谐的文化以及生态健康、景观适宜的环境。生态经济是实现经济腾飞与环境保护、物质文明与精神文明、自然生态与人类生态的高度统一和可持续发展的经济。生态经济是实现经济腾飞与环境保护、物质文明与精神文明、自然生态与人类生态的高度统一和可持续发展的经济。①

一、人类经济发展与生态环境的关系

（一）人类社会经济系统

人类社会经济活动，实质上是人们通过生产劳动实现人和自然之间的物质交换，即物质资料的生产、再生产过程（包括社会生产、流通、分配、消费各环节）。

人类社会的经济系统即社会再生产有机体中的物质资料再生产、人口再生产和精神产品再生产的地域分布、部门组合及其体制层次构成的国民经济结构和功能单元。②

（1）人类社会经济系统的组成。经济系统可分为三类：①经济部门，即农

---

① 淡亚君：《青藏高原生态经济与经济发展协调问题初探——以青海省为例》，《青海金融》2007 年第 2 期。

② 莫金山：《自然环境、劳动方式与奴隶制社会》，《青海师范大学学报》（哲学社会科学版）1992 年第 4 期。

业、工业、商业、贸易、交通运输、能源、矿产、文教体育等；②经济环节，即生产、分配、交换和消费；③经济类型，即个体经济、集体经济和国家经济。

（2）经济系统的功能。经济系统是生态环境系统中的一部分，承担着物质循环、能量流动和信息传递的功能，并与环境发生着相互作用。

（3）经济系统中的物质循环模式。经济活动使物质的运动从资源的开采开始，经过加工制造，到运输业、商业，再到消费者，几乎所有的环节都有污染物的排放，由于物质利用大多未形成闭合循环，使得世界范围内资源的浪费、环境污染等问题严重。

污染环境的发展模式对人类的可持续发展构成了威胁，迫切要求用新的经济发展理念，推动世界经济和环境的协调发展，使人类拥有美好的生活环境和永久的发展前景。

（二）自然生态环境系统

生态环境系统是20世纪60年代以来生态系统研究的前沿，国际生态学计划的实施是生态系统大规模研究开始的标志。[1]

（1）自然生态环境系统的概念。生态环境系统就是在一定的区域范围内，所有的生物成分和非生物成分之间，通过物质循环、能量交换和信息传递相互作用、相互依存所构成的具有一定结构和功能的统一体。它是一种开放而又闭合循环、在运动中不断发展的系统，系统内部以及系统之间存在着物质和能量的交换和循环，在总量上保持基本平衡，不能有超负荷的损伤，生态环境系统才能正常的运转和进化。

（2）生态环境系统的组成成分。生态环境系统包括非生物环境和生物成分两部分，非生物环境是生态系统中各种生物赖以存在的基础，由物质和能量构成；生物成分包含生产者、消费者、还原者：①生产者，是生态环境中的自养生物，即绿色植物和某些细菌，它们生产的有机物质是自身和其他生物生命活动的食物和能源；②消费者，是生态系统中的异养生物，包括各种动物、寄生细菌和人类，他们只能直接或间接的利用生产者制造的有机物质获取能量；③还原者，也是生态环境系统中的异养生物，即微生物，以动植物的残体和排泄物中的有机物质作为生命活动的食物能源，再将这些有机物质分解为简单的无机物质归还到

---

① 黄玉源、钟晓青：《生态经济学》，中国水利水电出版社 2009 年版，第 47 页。

非生物环境中，供生产者重新吸收利用。① 对任何一个生态环境系统而言，非生物环境、生产者、消费者和还原者相互依赖、循环往复，在各个局部区域形成顶级演替群落，从而达到最优、平衡的状态。

（3）生态环境系统的基本功能。生态环境系统主要担负着能量交换、物质循环和信息传递的功能：①能量交换，植物利用光能合成化学能，一部分供自身生长发育和繁衍，一部分供动物取食。动物之间通过食物网进行能量的相互传递以维持各类群动物的生长、发育。因此，植物是最初的能量提供者，它们是生态环境系统的基础和支撑，植被丰富了，物种才能丰富多样，生态环境系统才能健康和稳定。②物质循环，物质和能量是生物所必需的。物质中含有能量，能量的流动伴随着物质的循环。生物圈中的营养物质在各个生态系统如大气、水、土壤之间的交换，即生物地质化学循环。③信息传递，在生态系统中食物链和食物网就是一个生物的营养信息系统，各种生物通过营养关系形成一个相互依赖和制约的整体②。许多动植物的异常表现和异常行为传递着某种信息，影响物种内和物种间的关系。

（4）生态系统的平衡。生态系统的平衡是一种动态的平衡，在一定时间内，生态系统中生物与环境之间，生物种群之间，通过能流、物流、信息流的传递，达到相互适应、协调共生、统一和稳定的状态③。能量交换和物质循环总在不间断地进行，总有新的能量、物质和信息进入，也总有能量、物质及信息向外输出，系统内的生物个体也在不断地自我更新。整个生态系统朝着物种多样化、结构复杂化和功能完善化的方向发展，最终达到平衡稳定状态④。

（三）经济发展与生态环境的关系

人类的一切经济活动都是为了更好地满足人类的物质文化需求，而生态环境又是进行经济活动的前提和基础，因此人类的发展与生态环境是一种共生共存关系。只有各生物间的和谐共存、协调共生，实现对资源和能量的循环利用，才能形成平衡的生态系统，实现人类及其他生物的可持续发展。

（1）生态环境是经济发展的基础和保障。人类在发展过程中为了追求更美

---

① 马颖：《长江生态系统对大型水利工程的水文水力学响应研究》，河海大学硕士学位论文，2007 年。
② 徐庆福：《论森林工程与森林的可持续经营》，《森林工程》2006 年第 7 期。
③ 黄玉源：《生态经济学的学科性质及分类地位分析》，《科学中国人》2006 年第 7 期。
④ 徐庆福：《论森林工程与森林的可持续经营》，《森林工程》2006 年第 7 期。

好的生活，就会加大经济开发的力度，可持续的经济发展必须建立在生态环境不受破坏、生态系统结构保持稳定的基础上。在经济发展的实践中，人们为谋求经济利益而破坏生态环境的现象随处可见：过量增施化肥农药破坏土壤结构；滥垦森林和草原，造成水土流失、草场退化；过度的捕捞使海洋生物的多样性锐减；滥排工业"三废"造成了严重的环境污染。为了治理环境、恢复生态，投入的资金远远超过生产带来的经济利益，生态环境一旦破坏很难恢复。近年来，人们的生态环境意识有所提高，有助于我国实现生态与经济的协调发展。

（2）生态环境效益与经济效益的相互关系。生态效益是以森林生态系统为主体的所有生态系统内形成的对美化环境、净化大气、减少污染、释放氧气、涵养水源、防风固沙、调节气候、保持水土、增加生物量和生物多样性等方面的生态系统保持、稳定、调节、缓冲功能的总称。生态效益的核心在于生态支持和生态保护：生态支持即生态系统为人类生活及生产提供一切原料，甚至直接利用的产品；生态保护即生态系统为人类的生产活动提供稳定的气候环境、消除各种污染以及缓冲各种自然的和人为的灾害。企业谋求利润最大化导致负的外部性，给社会造成极大的负担，降低整个社会的福利水平，激化经济与生态环境的矛盾，降低经济效益。生态效益与经济效益的两种表现[1]：①同步性，生态效益与经济效益同向变动，即经济发展方式与生态环境相适应，生态效益随经济效益提高而增加。经济发展重视对生态结构的建设和改善，可以获得更大的生态效益。②背离性，生态效益与经济效益反向变动，经济增长对环境造成破坏或者保护环境抑制经济发展，两者不能共存，这种背离的结果是不可取的。

（3）生态经济效益。任何经济过程中形成的经济效益实际上都是经济生态效益，经济运作过程本身有着生态的自然属性。人类在追求衣、食、住、行的过程中对生态环境的改变产生作用，如果不是破坏性的，生态环境系统能够继续处于动态平衡的稳定状态，甚至能够改善生态系统的结构，那么这个生态经济效益就是好的，反之，则不应接受。

根据生态经济效益原理，人类的经济活动应结合一个地区的气象、水文、土壤、地形地貌、植被等生态情况，在地区的各种生态容量及区位优势的基础上作出符合生态规律和可持续发展的人口规模、农业生产布局、工业布局、产业布局等生态经济规划。

---

[1] 张东升、于小飞：《基于生态经济学的林下经济探究》，《林产工业》2011 年第 5 期。

二、生态经济理论的提出及其内涵

工业革命之后，经济学家关注经济增长，强调 GDP 或者 GNP 的增长速度，而忽略了经济增长对环境的破坏。当全球生态环境危机对人类的生存和发展造成了极大的威胁，经济学家们才协同环境学家、生态学家致力于实现经济的可持续发展研究，使经济发展与环境保护相协调。

（一）生态经济理论的提出

传统经济学认为资源和环境是自然要素，是经济发展的外生变量，不会对经济产生制约，经济增长是无限的。工业革命推动生产力的快速发展，20 世纪，工业化程度高度发达的国家，如英国、美国、日本等发生了震惊世界的环境事件；同时，全球气候变暖也引发了很多极端的气候灾害。1968 年，美国经学家肯尼斯·鲍尔丁首次提出了把生态学与经济学相结合的经济思想。1972 年，德内拉·梅多斯等人发表了研究报告《增长的极限》。该报告认为：工业化必然造成对自然资源和生态环境的极度破坏；用"世界末日模型"预测了经济增长的极限并得出结论"世界体系的基本行为方式是人口和资本的指数增长和随后的崩溃"[1]。这一结论引起了人类的恐慌和忧虑，使人类开始重新审视和思考传统的经济发展模式，生态经济理论应运而生。

1. 生态"资本"观

生态经济学在工业时代的背景中，第一次认识到资源和自然环境同人类所创造的物质财富一样，是有"价值"的资本，人类经济的发展必须是物质资本和生态资本共同增值的发展[2]。在传统经济观里，资源环境是经济增长的外生变量，而不是"资本"，萨缪尔森（1992）指出：土地和劳动是"初级生产要素"——土地和劳动的存在主要是由于物理和生物上的因素，而不是经济上的因素[3]。所以，生态资本进入经济发展观使人们认识到"价值"并不仅仅来源于

---

① 王万山：《生态经济理论与生态经济发展走势探讨》，《生态经济》2001 年第 5 期。
② 张思纯、曹琳剑：《论生态意识、资源忧患与生态经济观》，《燕山大学学报》（社会科学版）2007 年第 6 期。
③ 王万山：《可持续发展理论与资本观的变革》，《中国人口资源与管理》2003 年第 6 期。

劳动，自然资源环境是天然的财富。1981 年，罗马俱乐部的第九个报告《关于财富和福利的对话》指出："经济和生态是一个不可分割的总体，在生态遭到破坏的世界里，是不可能增加福利和财富的①；旨在普遍改善福利条件的战略，只有围绕着人类固有的财产（即地球）才能实现。"M.厄普顿（1987）指出："地球作为一个整体，生态资源有一种不可能再增加的绝对限制，以现在的世界人口增长速度可能很快就会达到这一限制②。因此，把自然资源作为特殊的资本形式来处理，并讨论它的特征和使用，是重要的而且是正确的。"

2. 可持续发展观

可持续发展思想是 20 世纪 70 年代以来逐渐兴起的世界思潮，人类把自然资源环境的保护及持续发展作为经济、社会可持续发展的根基，生态经济成为可持续发展的核心。赫尔曼·E.戴利（1989）在《超越增长——可持续发展的经济学》一书中把可持续发展定义为："经济规模增长没有超越生态环境承载力的发展。"具体表现在三个标准：社会使用可再生资源的速度不得超过可再生资源更新的速度；社会使用不可再生资源的速度不得超过作为其替代品的、可持续利用的可再生资源的开发速度；社会排放污染物的速度不得超过环境对污染物的吸收能力③；阐释了在满足代内需求的条件下可持续发展的一种社会价值判断。佩基（1988）最早提出代际公平的概念，即假定当前决策的后果将影响好几代人的利益，就应该在有关各代人之间就上述后果进行公平的分配，认为当代人对生态资本使用的增加率不能超过社会贴现率。④ 由于代际公平分配的时间无限，并且对不可再生资源无现实意义。霍华思把财产代际转移引入资源的配置中，实现了财产代际与资源代际的结合。

3. 产权制度观

20 世纪 80 年代，制度经济学把产权理论用于分析各种经济现象。产权理论的研究表明资源与环境有明显的外部性，是"公共物品"，单纯的市场机制不能使生产和消费达到帕累托最优。生态经济学把交易费用和外部性引入生态资本有效使用的制度分析范畴。把外部性"内在化"，使部分"准公共性"生态资本的

---

① 王万山：《生态经济理论与生态经济发展走势探讨》，《生态经济》2001 年第 5 期。
② 王万山：《生态经济学的理论渊源与研究进展》，《鄱阳湖生态经济区的开放型经济研究》2008 年第 12 期。
③ 王万山：《可持续发展理论研究的深入与评析》，《江西农业经济》2000 年第 8 期。
④ 阳乾凤：《重庆市红色旅游业发展战略研究》，重庆大学硕士学位论文，2006 年。

生产和交易转化成私有产权基础上的市场产权交易，对生态产权制度安排提供了新的产权约束机制和激励机制。①

20 世纪 70 年代以后，以上述三种理论为基础的生态经济随着人类对生态环境保护的日益重视而逐步发展。20 世纪 80 年代，生态经济获得各国的普遍认同并日益渗透到传统经济中，生态产业经济开始成型。20 世纪 90 年代以后，生态经济进入快速的发展期，可持续发展战略成为世界共识。

（二）生态经济理论的内涵

1. 马克思的生态经济理论

唯物史观的实践论揭示了人与自然和人与人的关系，以人与自然的物质变换为中介论述人类社会的发展，并在这个层面上形成生态经济理论。马克思的生态经济理论认为：

第一，生态环境是生产力的重要组成部分。首先，自然环境是社会生产力存在的基础，脱离对自然环境的依赖，生产力将无从发展。马克思提出"没有自然界，就没有感性的外部世界，工人也就什么也不能创造。"② 其次，劳动与环境是财富的共同源泉。恩格斯指出："劳动加上自然界才是一切财富的源泉，自然界为劳动提供物料，劳动把物料转变为财富。"③ 马克思也强调："劳动不是一切财富的源泉。自然界同劳动一样也是使用价值的源泉，劳动本身不过是一种自然力即人的劳动力的表现。"④

第二，环境影响劳动生产率、决定人类文明的发展。首先，自然环境影响着劳动生产率的提高。马克思指出："劳动生产率是同自然条件相联系的，这些自然条件可以归结为人本身的自然（如人种等等）和人的周围的自然。"⑤ 其次，自然环境决定着人类文明的发展。环境是提供剩余劳动的前提，剩余劳动是人类文明发展的基础。马克思指出："土壤的自然肥力越大，气候越好，维持和再生产生产者所必需的劳动时间就越少。因而，生产者在为自己从事的劳动之外为别人提供的剩余劳动就可以越多。"⑥

---

① 王万山：《生态经济理论与生态经济发展走势探讨》，《生态经济》2001 年第 5 期。
② 《马克思恩格斯全集》第 3 卷，人民出版社 1979 年版。
③ 恩格斯：《自然辩证法》，人民出版社 1984 年版。
④ 《马克思恩格斯选集》第 3 卷，人民出版社 1995 年版。
⑤ 《马克思恩格斯全集》第 3 卷，人民出版社 1979 年版。
⑥ 恩格斯：《自然辩证法》，人民出版社 1984 年版。

第三，揭露了资本主义社会对环境的破坏并分析环境问题产生的原因。马克思、恩格斯对资本主义社会出现的各种环境破坏现象进行了揭露并深刻分析了环境问题产生的根源：①产生环境问题的直接原因在于工业化和市场化。首先，大规模的工业化向自然界排放了大量的工业"三废"，农业科技的滥用降低了土地的肥力。马克思指出："工业和按工业方式经营的大农业一起发生作用。如果说它们原来的区别在于，前者更多地滥用和破坏了劳动力，即人类的自然力，而后者更直接地滥用和破坏土地的自然力。那末，在以后的发展进程中，二者会携手并进，因为农村的产业制度也使劳动者精力衰竭，而工业和商业则为农业提供各种手段，使土地日益贫瘠。"① 其次，市场化使货币成为衡量一切商品价值的一般等价物，自然环境不是劳动的产品而被资本家无偿地使用，商品生产者或资本家只重视眼前利益，忽略环境的保护和自然生产力的可持续发展，造成环境的破坏。②造成环境问题的根本原因是资本主义发展方式破坏了物质变换规律。马克思指出："资本主义的生产使它汇集在各大中心城市的人口越来越占优势，这样一来，它一方面聚集着社会的历史动力，另一方面又破坏着人和土地之间的物质变换，也就是使人以衣食形式消费掉的土地的组成部分不能回到土地，从而破坏土地的持久的永恒的自然条件。这样它同时就破坏了城市工人的身体健康和农村工人的精神生活。"② 对资本主义造成环境破坏的根本原因进行了精辟的分析。③资本主义国家把环境问题向全球扩散。世界市场的形成使资本主义国家在世界范围内向其他国家输出商品、资本主义的生产方式和生态环境问题。正如马克思指出："机器产品的便宜和交通运输业的变革是夺取国外市场的武器。机器生产摧毁国外市场的手工业产品，迫使这些市场变成它的原料产地"。③

第四，解决环境问题必须以人为本。马克思和恩格斯始终认为：主体是人，客体是自然。人们关注环境与生态，是因为它对人类的生产和生活实践发挥着作用。马克思指出："被抽象地孤立地理解的、被固定为与人分离的自然界，对人说来就是无。"恩格斯指出："人类社会和动物社会的本质区别在于，动物最多是搜集，而人则能从事生产，仅仅由于这个唯一的然而是基本的区别，就不可能把动物社会的规律直接搬到人类社会中来。"④

---

① 岩佐茂：《环境的思想》，中央编译出版社 2007 年版。
② 《马克思恩格斯全集》第 42 卷，人民出版社 1979 年版。
③ 马克思：《资本论》第 3 卷，人民出版社 1975 年版。
④ 《马克思恩格斯全集》第 42 卷，人民出版社 1979 年版。

2. 生态经济的概念和要义

美国著名生态经济学家莱斯特·R.布朗认为："生态经济是有利于地球的经济构想，是一种能够维系环境永续不衰的经济，是能够满足我们的需求又不会危及子孙后代满足其自身需求的前景的经济。"我国许多学者认为生态经济是人们按照自然生态规律，利用自然，发挥主观能动性，把传统的经济社会转移到良性循环的生态经济的轨道上来。① 在资源、环境承载力基础上，依据可持续发展原理，人们合理利用自然、开发自然，人类的经济活动以环境友好为前提，通过发展模式选择和技术创新，实现经济社会发展与生态环境相协调、相融合的高级经济形态。生态经济的互动机制：①农业与非农产业的良性循环；②传统工业升级转型和现代新型工业相互促进；③产业生态化、生态产业化的互动与良性循环；④绿色科技和自主创新互补互动；⑤绿色生产方式和绿色生活方式良性互动。

第一，生态经济的核心是生态生产力。生态生产力是生态经济发展的根本动力，是 21 世纪先进的生产力。生态生产力的发展有利于实现城乡间、区域间、行业间的互动和协调，主要发展模式为循环经济、绿色经济和低碳经济。循环经济可以克服工业文明的许多弊端，实现城乡经济的互动和良性循环；绿色经济有助于实现农业与非农产业的良性互动，促进知识与科技的自主创新。② 发展生态经济就是要转变生产力发展方式实现产业生态化，生态产业化，倡导低碳消费观念践行低碳生活方式。

第二，生态经济要正确处理人与自然、生态效益与经济效益，生态经济效益与社会效益的关系。人类应牢固树立正确的自然观和发展观，即人类来自自然、依赖自然的思想；良好的环境可以为经济的持续发展提供更多的资源和保障，从而促进经济发展；经济发展要合理开发利用自然资源，把保护环境和促进人类的环境健康作为发展生产力的重要内容，在生态环境改善的基础上，提高经济效益；最终实现发展生产的最终目标即生态效益、经济效益和社会效益同步提高，社会经济协调发展。

（三）生态经济的特征

生态经济区别于其他经济的特征在于，人类的发展赋予了生态经济新的历史

---

① 王智红：《可持续发展生态模式的构建》，《郑州航空工业管理学院学报》（社会科学版）2006 年第 10 期。

② 何煦：《和谐社会的生态文明解读及制度建设启示》，《思想政治教育研究》2008 年第 6 期。

任务，它需要将人、生态环境和经济发展纳入一个分析系统中，实现经济的协调发展和人类发展的可持续。

1. 整体性

生态系统内的每一个生物都是该系统的组成部分，并与其他组成部分相互联系而形成一个统一的整体。生态是一个有机整体，通过系统内的子系统相互作用相互联系达到内部的协调，实现动态平衡以及生物的多样性。生态的整体性完整与否对经济的发展起着至关重要的作用，系统的最大化自我实现意味着所有生命的最大展现。整个生态系统关注的是人、自然与经济的协调，追求的是人与自然的和谐相处、自然与经济的效益相合、人与社会的共同进步。

2. 内在的互动性

生态系统的整体性与复杂性反映了生态系统中事物联系的多样性，也就肯定了人是系统中的一部分，人对于自然的依赖也是多样的。人类社会作为子系统而存在也依赖于生物多样性对生态经济大系统的平衡和调节。所以要把握住事物之间的联系以及生态结果的核心点，把人、自然、社会看作有机的生命体。除了联系能影响生态调节作用外，还有就是互动共生，共生双方是一种互利关系，相互依赖而存在。生态经济系统中的每一事物都有自身的内部结构，并与其他环境中的事物相互联系，互动中的生态影响因子相互作用，最终影响生态系统的平衡。

3. 人本性

生态经济的核心在于实现人的全面发展，通过探究人、自然、经济的内在联系，实现经济的发展带动社会文明的进步。经济活动是人类的实践作用于自然的方式之一，人类进步所需要的精神等产物也产生于自然，生态经济中人的全面发展体现了生态经济的特征。生态经济的特征源自它本身，通过对特征的分析可知生态经济具有传统经济所不具备的优势，能够将自然、社会与人的关系放到一个整体中考虑，将人类的发展放在经济可持续发展的思路中去。

（四）生态经济的原则

生态经济用全新的思维方式与方法来指导人类的经济活动，开辟了经济发展的新道路，拓展了人类的发展方向。我们发展生态经济的实践离不开生态经济的原则指导。

1. 人与自然的协调发展

对自然从敬畏到和谐相处，人与自然的关系一直随着人类的实践活动而变化。自然环境是经济发展的基础，人与自然的和谐表现为经济与生态在物质、能量、价值与信息的输入输出上保持稳定协调和动态的平衡交换关系。人与自然协调发展才能让人的需求与自然的供给出现平衡。人与自然的失衡多是因为人类的活动的排放超出了自然净化的限度。人与自然的关系随着人们认识水平的发展不断演化，每一阶段的认识水平都有特点，受到当时政治、经济、文化和宗教以及社会习俗的影响，并通过实践活动体现。工业革命以后，生产力得到空前的提高，科学技术飞速发展，使人们过度自信地认为科技可以给人类提供征服一切的力量，能够征服自然超越自然，科技的发展能化解人与自然的矛盾，达到改造自然的效果。然而，盲目地运用现代科技，不遵循自然规律，对自然环境的过度开发和利用，导致了严重的生态环境破坏，人类开始遭受自然界无情的报复，并且损失惨重。人类通过对实践活动的反思，认识到生态是一个系统，每一个事物之间都是相互联系并相互作用的，科技对自然的作用和反作用决定了人类发展的未来。在价值观方面，人们在实践过程中关注的是自己近期利益的实现，最后的结果好坏和成本的承担都不是追求现实利益时应该考虑的，所以人类在利用自然资源的物质价值的时候只会关注眼前资源的使用价值，而忽略未来发展的长远利益。同时，人类利用自然和改造自然的行为具有双重性，当人类正确地认识了自然规律，遵循并利用了自然规律时，就能更好地适应自然环境，对自然的改造可以实现预期的结果；否则，人类改造自然时，违背自然规律，就会破坏自然的平衡和社会的平衡，导致严重的生态和社会问题，生态经济学的产生就是为了探究经济活动与自然生态的相互关系，避免人类的过度行为对自然造成的伤害以及自然对人类的报复。

2. 生态效益与经济效益相统一

生态效益与经济效益的和谐共存是发展生态经济的新任务。生态经济具有整体性与内在互动的联系性特征，人类对环境问题的认识有时候是片面的，科技为改善环境问题不断努力，但是也存在约束。人类的发展模式需要将社会经济的生态系统结构和功能相结合使生态与经济效益达到统一，在生态经济的框架内采用最有效的方式来管理资源，充分发挥资源的价值。整个生态系统的容量和自净能力决定着人类社会能够发展到什么程度，越接近生态的最值，经济发展的空间和余地就越小，我们要用整体的、发展的眼光看待生态效益与经济效益的发展前景，经济的发展离不开生态的供给，生态环境的保护与改善需要在发挥人类的主观能动性的基础上采用合理的科技手段，使人类未来发展得更好。

（五）可持续发展

人类经济发展的程度取决于生态系统的最大负荷值，但是，生态系统的负荷限度随着人类科技水平的变化而不断变化。在已有的生存空间里，人类将自然提供的资源看作基本的生产要素，并对其进行有效的管理，对自然资源的管理水平是衡量社会发展的标准，一个国家或社会的发展在于为本国或地区的居民提供充足的物质生活和精神生活，既要满足当代人的需要，更要满足人类未来的需要。人类应该将持续长远的获利作为衡量标准使生态系统内部诸要素平衡地发展，任何只重眼前利益不计长远利益的经济发展都是不可持续的，因而是不可取的。

三、生态经济理论的实践进展

（一）生态经济的发展体系

生态经济体系是将生态学理论应用于社会经济活动中，优化社会生产方式和经济结构的一种社会经济结构体系。其内涵是优化经济结构，转变经济发展方式，加快新型工业化进程，大力倡导绿色消费，推进发展模式从先污染、后治理型向环境友好型转变，增长方式从高消耗、高污染型向资源节约和生态友好型转变，形成以循环经济为核心的生态经济格局。① 宏观生态经济体系可分为六部分：基础生态经济体系、现代生物产业体系、生态工业体系、现代化第三产业体系、现代科技支撑体系和绿色 GDP 核算评价体系。

1. 基础生态经济体系

生态经济的创新之处就在于把基础生态的价值及其利用纳入生态经济体系之中。通过数量化的方法评判和计量生态系统的优劣和自身价值，把生态环境进行资本化、产品化为生态产品，并进行充分的开发利用，体现其经济价值。人们通过对生态产品的利用和体验，更加珍惜生态资源，从而更好地保护它，即生态价值化的革命。这就是基础生态经济体系。

---

① 许新桥：《生态经济理论阐述及其内涵、体系创新研究》，《林业经济》2014 年第 8 期。

2. 现代生物产业体系

现代生物产业体系包括现代农、林、牧、渔等对自然资源的直接培育和利用产业，涵盖在生态系统内的资源培育开发、自然资源的生产再生产与可持续利用体系，具有高效、生态、可持续的特征，是生态经济体系中最重要的组成部分，即第二层级的生态经济开发体系。

3. 生态工业体系

生态工业是生态经济的主要体现，转变生产方式的关键在于现代工业生产向生态化转型，减少污染和排放，提高生态资源的利用效率，增加工业产出。生态工业依托科技创新和体制创新，对传统工艺和设备进行改造可以实现对资源的节约、清洁生产以及废弃物的多次循环利用，达到物质和能量的最大利用以及废弃物的零排放。生态工业体系是第三层级的经济体系。

4. 现代化第三产业体系

现代化第三产业是生态经济体系中最具活力的朝阳产业，涵盖了生态旅游业体系、特色城镇化经济服务体系、现代信息化服务体系等，是主要体现生态经济空间布局和服务手段的经济体系，即第四层级的生态经济服务体系。

5. 现代科技支撑体系

科学技术的创新和发展是生态经济发展的关键，科技是第一生产力，没有现代科学技术创新，就无法实现生态经济的创新发展，现代科技创新可以为人类解决发展问题提供新的思路、方法以及手段，以现代科学技术创新为支撑，人类不用对生态环境问题持过度悲观的观点，借助新科技有助于实现对环境问题的控制和改善，生态经济科技体系是第五层级的生态经济支撑体系。

6. 绿色 GDP 核算评价体系

绿色 GDP 核算是评判生态经济成果的重要方法，在生态经济的模式和体系中，把绿色 GDP 核算纳入生态经济的评价体系之中来度量和评价生态经济的成果，不仅要计算纯 GDP 的增量，还要核算发展导致的对生态环境的破坏，扣除对环境的损害，加上对环境的增益，才是真正意义上的生态经济成果，才是对生态经济的模式、体系选择和发展成果的最科学的评判，绿色 GDP 核算体系是第六层级的生态经济评价体系。

（二）生态经济理论在中国的实践

生态经济理论反映的是客观的生态规律和经济发展规律，源于实践但又高于实践。作为科学理论，只有用于指导实践并接受实践的检验，才能不断创新与发展，生态经济理论自产生之日起就应用于我国社会主义建设事业的实践，并取得了显著的成就。

1. 指导相应法律法规的制定，加强生态环境建设的科学决策

1983 年中国政府宣布环境保护是我国的一项基本国策，许涤新、马世骏、曲格平等生态经济理论领域的专家学者通过大量的调查和研究，为国家在制定环境政策方面提供了科学依据，并参与了 1987 年发布的《中国自然保护纲要》和1989 年的《中华人民共和国环境保护法》的起草和审定工作，环境立法使环境保护有了法律依据。随后，生态经济学会对《大气污染防治法》《水污染防治法》《固体污染物防治法》等提出了修改意见，并为 1994 年中国率先发布的《中国 21 世纪议程——中国 21 世纪人口、环境与发展白皮书》贡献了精力与智慧。[1] 同时，生态经济学会组织专家参与我国重大工程，如三峡工程、南水北调、长江中上游防护林工程等的规划和论证工作，生态经济学会的专业机构和地方组织也积极地通过科研以及学术交流为我国的生态经济学的实践与理论提供各种智力支持，围绕我国新型工业化、城市化和经济可持续发展问题，有关学科专家为解决这些问题积极建言献策，为科学决策提供依据。

2. 发展生态产业，推进循环经济

生态产业是按照生态经济理论组织起来的使物质、能量多次利用、高效产出的无废弃物或废弃物控制在生态系统自净能力阈值之内的产业体系。发展生态产业是实施生态经济与可持续发展战略的核心，有利于提高国民经济的生态化、绿色化水平。生态产业的范围覆盖几乎所有的产业。

第一，生态农业。在传统农业生产中，以自然生产力水平为基础的封闭式农业具有初级生态农业的特征，但是以生态经济理论为指导的现代生态农业是从20 世纪 80 年代发展起来的。马世骏（1981）把农业生态工程的特征概括为：整

---

[1] 杨荣俊：《生态经济学的产生、发展和成就——兼论学科建社的若干问题》，《鄱阳湖学刊》2011 年第 7 期。

体、协调、循环、再生，发展生态农业能够取得明显的经济、社会、生态综合效益。因而，现代生态农业要围绕农业资源的高效、可持续利用和提高农业综合生产力、食品安全进行规划和生产。借助生物技术，将温室、沼气、畜禽、蔬菜生产相结合，充分发挥资源的价值，化害为利，变废为宝，有效解决环境污染问题，获得生态环境的改善效益，例如沼气能够为农村居民提供能源、肥料、环境卫生等生态综合效益，改善农村的居住和卫生条件，促进农村社会文明的进步。随着生态农业的发展和生物科技的进步，食品安全问题能够得到有效解决，在国际社会对食品安全高度重视的条件下，我国绿色农产品、食品生产能够取得大的进展，有效地提高农产品生产的附加值，使我国成为世界上最大的绿色食品生产和出口的国家，减少贸易壁垒和摩擦。

第二，生态工业。生态工业是将生态经济规律应用于工业生产领域，使物质和能量多层次、多功能循环利用，实现由"资源—产品—废弃物"的开环型流程到"资源—产品—资源"的闭环型流程的转变。[①] 在我国工业发展的实践中，发展生态工业主要是推进企业的清洁生产和建立生态工业园区，要求企业使用清洁的能源和材料，依靠先进的技术设备，减少产品在生产、服务和使用过程中的污染，消除产品对人类健康造成的危害。在 2002 年我国专门出台了《中华人民共和国清洁生产促进法》，通过立法，对企业进行清洁生产审核，提高企业生产的质量和效能。同时，国家还积极推进循环经济生态城市的试点，在贵州、广西、内蒙古、山东、天津等建立生态工业园区，推动循环经济的实践，而现在生态工业园区的实践取得了显著的成就并在全国各地推行开来。由于循环经济是以节能、降耗、减排为主要内容，我国单位 GDP 能耗平均每年下降 4%，二氧化碳以及硫化物的排放总量逐年下降，土地、森林、水、矿产资源的利用率大大提高，实施的效果显著。

第三，生态服务业。在推进新型工业化进程中，国民经济要想实现生态化就需要把生态经济的理念落实到物质生产部门和非物质生产部门，这样才能沿着预期的目标发展。然而，要提供完全的生态产品就需要在生产前、生产中和生产后对产品进行生态管理，从原料的选配、加工，产品的制造、包装、运输、销售以及进入消费领域，需要将废弃物回收并进行无害化处理，才能保障整个过程的生态和安全。20 世纪末的"三绿工程"即绿色通道、绿色市场、绿色消费，物流行业的绿色物流，旅游业的生态旅游悄然兴起，绿色市场成为新的经济增长点，

---

① 杨荣俊：《生态经济学的产生、发展和成就——兼论学科建设的若干问题》，《鄱阳湖学刊》
2011 年第 7 期。

促进传统经济向生态经济转型，生态服务业能够以最小的资源消耗拉动经济的可持续增长，并显示出巨大的经济效益。

3. 实施可持续发展战略，促进区域协调

经过几十年的发展和努力，生态经济的理念已经走进人们的日常生活，经济的可持续发展思想成为省、市、县、乡各级政府的区域发展战略的指导思想，20世纪90年代以来三百多个县开展生态农业试点工作，国家先后批准海南、浙江、安徽、黑龙江等八个省成为生态省的建设试点，2009年鄱阳湖生态经济区建设上升为国家级区域发展战略。生态经济的可持续发展战略坚持以人为本，把保护生态环境、节约利用资源、发展生态产业、建设生态社区、创新生态制度等作为重点领域，促进区域内经济与生态的协调可持续发展，逐步走向生态文明社会。世界文明的发展方向是生态文明，转变发展方式已成为世界发展的共识，在资源、环境、生态日益恶化的情况下，资源的消耗与污染物的排放约束了许多国家的发展，调整能源结构、寻找可替代能源，大部分国家都在积极地寻找新的发展出路。绿色GDP核算，全球生态环境保护的呼声使得生态经济发展战略已经上升为许多国家的发展战略，生态受益者向生态受损者的补偿或许会成为一种新的国际性制度，虽然生态经济理论的探索和发展还需要不断完善，但是生态文明将是世界发展的趋势和必然。

（三）生态经济理论指导下的中国产业政策导向

1. 产业结构政策导向

推动产业结构升级以及产业内部、产业之间的协调互通要以科学发展观为指导，我国产业结构的政策导向需要借助生态经济理论的基本思想积极引导产业内部以及产业之间的协调互通，推动产业结构全面优化升级。在各个产业内部，要积极推进产业生态化发展，实现从"资源—产品—废弃物"的开环流程到"资源—产品—资源"的闭环流程转换，实现从"末端治理"到"源头控制"的转变；同时，要扩大生态化发展的产业范围，将产业生态化发展由原来的第一产业、第二产业推广到以现代服务业为主体的第三产业以及高技术产业、信息产业、环保产业等重点扶持产业及新兴产业。

产业与产业之间具有普遍联系性，相互促进，相互制约。要想推动产业结构的全面优化升级，就要在协调好产业内部各个要素的基础上，引导产业与产业之间的互通，实现资源在产业间的合理流动与优化配置，形成有机整体，促进各个产业的生态化发展，进而促进整个产业体系的生态化发展，进而推动整个生态、经济、社会的全面协调发展。具体表现有：以信息化带动农业、工业的现代化。将高技术产业、环保产业等重点扶持产业的成果合理应用到对传统产业的改造提升，降低资源消耗与环境污染，减轻对资源，特别是能源的依赖。发展清洁能源，可再生能源，淘汰落后生产能力，促进传统产业升级和向绿色生态转型。

2. 产业组织政策导向

科学发展观及生态经济理论都倡导全面协调可持续的发展理念，在未来产业组织政策中，要加强市场机制、政府调控、企业主体三者的协作，建立统一、完善、有序的市场体系，健全竞争机制，打破现存的区域封锁、市场分割和不合理的行业壁垒，使资源能够在市场机制调节下有效地进行跨行业、跨部门、跨地区流动，提高资源配置效率，优化产业组织结构，充分发挥价格和税收的杠杆作用，[①] 推动企业建立节能降耗减排机制。强化企业在自主创新中的主体地位，政府要营造一个好的环境和秩序，加大对企业自主创新的支持，逐步完善以企业为主导，市场为导向，产学研相结合的自主创新体系；完善自主创新的激励机制，实行支持企业创新的财税、金融和政府采购等政策；改善市场环境，发展创业风险投资，支持中小企业提升自主创新能力。企业是资源加工利用和环境保护的主体，必须通过政府规制和经济手段，使节能降耗减排成为企业自觉的行为。[②]

3. 产业布局政策导向

按照科学发展观统筹兼顾的根本方法与生态经济理论全面协调的基本思想，要统筹兼顾国内发展与国际竞争，合理规划产业布局，在未来产业布局政策中要进一步体现产业布局的综合性与合理性。促进东、中、西部形成充分发挥比较优势，合理分工、协调发展的产业布局结构：东部地区要着力发展技术密集产品和高新技术产业，促进产业升级，提高产业竞争力；[③] 有步骤、有重点地推进西部地区产业结构调整，着重发展具有比较优势和具有竞争力的产业或产品，促进西部资源优势向经济优势的转变；鼓励东部地区带动和帮助中西部地区发展，帮助资源枯竭地区实现经济转型。

---

① 中国电子信息发展研究院 TI 经济研究所《中国产业实践》课题组：《论中国产业政策的创新思路》，《经济前沿》2005 年第 5 期。
② 王锡高：《企业要勇于担起自主创新的历史责任》，《车间管理》2006 年第 2 期。
③ 中国电子信息发展研究院 TI 经济研究所《中国产业实践》课题组：《论中国产业政策的创新思路》，《经济前沿》2005 年第 5 期。

从国际产业分工和国内区域布局全局出发，加强生态产业园建设，引导产业集聚发展。提升产业的国际竞争力，促进国内产业加入全球专业化分工体系，充分发挥自身的比较优势，努力培育自身的竞争优势。

4. 产业技术政策导向

科学技术是第一生产力，技术创新是解决资源浪费，实现高质量发展的有效途径。因此，国家就必须对技术的开发与推广进行有效的指导和协调，重点扶持利于生态、经济系统综合平衡的技术开发与应用。结合生态经济理论的基本思想，以科学发展观为指导，产业技术政策的重点应该放在有利于生态环境保护与资源有效利用的高新技术的开发与应用上，力求在提高经济效益的同时，减轻对生态系统的压力，维护生态、经济系统的综合平衡。具体表现在：①激励环境产业技术创新，政府有关部门应着力引导科技投向环境产业重点领域，帮助环境保护企业实行品牌战略，从产品设计和加工制造工艺方面提升产品质量；②借鉴发达国家的经验，培育和发展以企业为主体的产业技术创新体系；高技术产业发展要坚持自主创新、规模发展、国际合作的原则，立足于原始创新、集成创新和引进消化吸收再创新，把自主创新作为高技术产业发展的战略基点；③着重发展先进信息技术、清洁生产技术、资源节约技术、废弃物再资源化技术、再生能源技术、节能技术等有利于生态、经济系统综合平衡的高新技术。

以上四个方面就是在科学发展观指导下，结合生态经济理论的基本思想对我国未来产业政策导向的探讨。在具体执行的时候，应综合考虑四个方面的产业政策，使产业结构政策、产业组织政策、产业布局政策和产业技术政策相互统一，融会贯通，共同发挥效用。

第四章　清洁生产理论

清洁生产（Cleaner Production）是国际社会在总结了各国工业污染控制经验的基础上提出的一个全新的污染预防的环境发展战略。清洁生产体现了预防为主的思想，其产生的过程就是人类寻求一条实现经济、社会、环境、资源协调发展的历史。20世纪60年代开始，工业污染已经引起社会关注，70年代西方一些国家开始采取措施来应对日益严重的污染问题，其对策往往是依靠大自然的吸纳能力，将污染物转移到海洋或者大气中，但是在一定时期内大自然的自净能力是有限的。因而又采取所谓的末端治理（即先污染，后治理，重在"治"），但这种方法建立在粗放型增长方式的基础上，造成生产过程与环境治理的脱节。清洁生产重在"防"，要求在产品生命周期的各个阶段，通过不断改进技术和管理水平，促进资源的循环再利用，尽可能地提高资源利用效率，低排放或者零排放污染物。由此可见，清洁生产是人类污染治理方式和生产力发展方式上的一次革命。

一、清洁生产起源及基本理论

（一）清洁生产的发展历程

清洁生产起源于美国化学行业的污染预防审计（1960）。而这一概念的出现可追溯到欧共体在巴黎举行的"无废工艺和无废生产的国际研讨会"（1976）。这次会议提出了"消除造成污染的根源"的思想。

1979年4月欧共体理事会宣布推行清洁生产政策，并于当年在日内瓦举行的"在环境领域内进行国际合作的全欧高级会议上"通过了《关于少废无废工艺和废料利用的宣言》。该宣言指出无废工艺是使社会和自然取得和谐关系的战略方向和主要手段。此后，欧共体环境事务委员会分别于 1984 年、1985 年和 1987 年三次拨款支持建立清洁生产示范工程，并制定促进开发"清洁生产"的两个法规，还建立了信息情报交流网络；联合国环境署工业与环境规划活动中心（UNEPIE/PAC）在 1989 年 5 月制定了《清洁生产计划》。该计划内容之一为组建两个工作组，即行业清洁生产工作组和清洁生产政策及战略、数据网络、教育等业务工作组，并号召公众推进清洁生产行动；20 世纪 90 年代初，经济合作与开发组织（OECD）采用多种手段鼓励很多国家采用清洁生产技术。1984 年美国国会通过了规定"废物最少化"的《资源保护与回收法——固体及有害废物修正案》。这一事件标志着美国是最早推行全面清洁生产的国家。在废物最少化成功实践的基础上，美国国会 1990 年又通过了《污染预算法》，指出："源头削减与废物管理和污染控制油原则性的区别，且更尽如人意。"同时，欧洲许多国家纷纷借鉴美国经验推行清洁生产运动。1992 年 6 月，在里约热内卢召开的联合国环境与发展大会通过了《21 世纪议程》，号召工业使用清洁生产技术，更新对环境产生负面影响的原料，提高能源使用效率，实现工业的可持续发展。

联合国环境署自 1990 年在坎特伯雷举办"首届促进清洁生产高级研讨会"以来，已先后在巴黎、华沙、牛津、汉城、蒙特利尔等地举办了国际清洁生产高级研讨会。1998 年 10 月，在韩国汉城（现称首尔）第五次国际清洁生产高级研讨会上，代表不同国家、地区以及行业的 64 位参与者共同签署了《国际清洁生产宣言》。2005 年联合国首个具有法律约束力的减排协议——《京都议定书》生效，提出三种减排途径的灵活机制：清洁发展机制、联合履约机制和排放贸易机制。2007 年，亚太经合组织（APEC）领导人会议首次将气候变化和清洁发展作为主体。2014 年在北京举行的 APEC 领导人峰会将提出新的文件——《APEC 经济创新发展、改革与增长共识》，各国要在绿色发展方面开展实务合作。

从清洁生产理念发展来看，清洁生产发展至今实现了两次飞跃，即一是从企业内部拓展到企业之间的清洁生产，二是产品全生命周期的清洁生产。原来，清洁生产的基本对象是生产过程，是通过企业生产工艺的改进，削减或消除污染产量。然而在现实中，由于企业实施清洁生产需要成本和技术支持，因而只有实力雄厚的企业才有可能完全实施清洁生产，这种做法显然不符合全面推行清洁生产的要求。开展企业间的合作（把清洁生产从企业内部拓展到企业之间）既合符企业专门化的生产原则，又可充分发挥清洁生产的作用，这即是清洁生产理念的第一次飞跃——清洁生产从企业走向企业群，走向生态工业园区。在企业内、企业间和企业社会间三个层面上展开的清洁生产是其发展的必然趋势；清洁生产理念实现的第二次飞跃——从生产领域拓展到消费领域，强调产品从原料加工、提炼到产品产出、使用直到报废处置的各个环节采取必要的措施，实现产品整个生命周期的清洁生产。

（二）清洁生产概念的界定

目前国际上未对清洁生产概念形成统一的认识，在不同的国家和地区有着许多表述不同但内容相近的提法。联合国环境规划署（UNEP）工业与环境规划活动中心综合了各种说法，对"清洁生产"这一术语的定义为："清洁生产是一种创新的思维方式，即将整体预防的环境战略持续运用于生产过程、产品和服务中，以提高生态效率并降低人类及环境的风险。对生产过程来说，要求节约原材料和能源，淘汰有毒原材料，降低和减少所有废物的数量和毒性；对产品来说，要求降低从原材料提炼到产品最终处置的全生命周期的不利影响；对服务而言，要求将环境因素纳入设计和所提供的服务中。"由此可见，清洁生产不包括末端处理技术，依靠专门技术、改进工艺技术和改变管理态度来实现。

在我国，清洁生产的概念最早是在《中国 21 世纪议程》（1994）中提出的，定义为："清洁生产是指既可以满足人们的需要，又可以合理使用自然资源和能源，并保护环境的实用生产方法和措施，其实质是一种物料和能耗最少的人类生产活动的规划和管理，将废物减量化、资源化和无害化，或消灭于生产过程之中"。2003 年 1 月 1 日我国开始实施《清洁生产促进法》，其对清洁生产的界定具有中国特色："清洁生产是指不断采取改进设计、使用清洁的能源和原料、采用先进的工艺技术与设备、改善管理、综合利用等措施，从源头削减污染，提高资源利用效率，减少或避免生产、服务和产品使用过程中污染物的产生与排放，以减轻或消除对人类健康和环境的危害"。尽管国内外对于清洁生产概念的界定不同，但其都使用具有类似含义的多种术语描述清洁生产概念的不同方面，例如"废料最少化""减废技术""绿色工艺""过程与环境一体化工艺""源头削减""再循环"等。

（三）清洁生产理论基础

1. 物质平衡理论（质量守恒定律和能量守恒定律）

清洁生产是以资源利用效率的提高和污染源头的防控为主要目标，以物质循环利用为主要手段。由此可见，物质平衡理论为其最基本的理论基础。这一定理

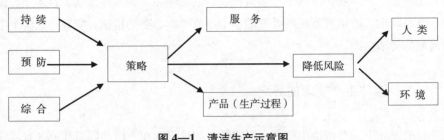

图4—1 清洁生产示意图

用于分析清洁生产过程的可行性和分析调控物质（能量）流。

第一，能量守恒定理。这一定理指出能量既不会凭空产生，也不会凭空消失，它只能从一种形式转化为另一种形式，或者从一个物体转移到另一个物体，在转移或转化过程中其总量保持不变。地球上一切物质都具有能量，能量是其固有属性。能量分为两大类：即系统蓄积的能量和过程中系统和环境传递的能量。

热力第一定律只能说明能量在量上的守恒。而热力学第二定律的实质是能量贬值原理，这一定律在于揭示：提高能量利用率问题本质在于防止和减少能量贬值现象的发生。热力学两个定律告诉我们，必须从质和量两方面考虑能源节约。广泛开展节能活动能够有效地减少能量需求。当前，我们能源利用效率不高，大多数能源在转换过程中流失掉了。因此，在日常生产和生活过程中，广泛使用节能率高的系统可以节约大量的能源，提高能源利用效率。

第二，物质守恒原理。质量守恒定律指的是一个系统质量的改变总是等于该系统输入和输出质量的差值。质量守恒定律是自然界普遍存在的基本定律之一。它表明质量既不会被创生，也不会被消灭，而只会从一种物质转移到为另一种物质，总量保持不变。根据"热力学第一定律"，产品在生产和消费过程中及其后续都没有消失，只是从原来的有用产品变成无用废品进入环境中，形成污染。在此过程中，物质总量保持不变。在实际生产过程中，人类具体劳动将生产资料转变为有价值的产品和废弃物。由此可见，越多废物意味着越大的生产资料消耗。实际上，废物是放错位置的资源，若合理利用，则能实现"废物不废"。因此，在实施清洁生产的过程中，通过废物循环利用，实现物质和能量的梯级使用，建立良性循环的资源综合利用链，使得物料利用率提高，减少对生态的破坏，弥补资源短缺的现状。

2. 生态学理论及其规律

生态学（Ecology）是研究生物与环境的相互关系及其作用机理的科学。生物的生存、活动、繁殖需要一定的空间、物质与能量。在长期进化过程中，生物逐渐形成对周围环境某些物理条件和化学成分的特殊需要。生态学主要有四条基本规律与清洁生产息息相关。如表4—1所示。

表4—1　生态学与清洁生产

生态学基本定律	清洁生产理论说明
相互依存于相互制约规律	这种关系利用与社会产业体系中去，形成多种多个企业相互合作构成的产业生态集群，围绕区域间资源条件开展生产活动。
物质输入与输出平衡原理	根据此规律，采取清洁生产能够尽可能地提高原料使用效率，实现社会生产的动态平衡与生态平衡。
物质循环与再生规律	人们对废弃物进行物质循环和再生利用，使其转化为同一或者其他生产部门的原料投入的新的过程，再回到产品生产和生活消费循环中去，不但提高资源的利用率，并且将废物排放量控制到最小甚至零排放。
环境资源有效极限规律	环境和资源的承载能力是有限的，环境是经济发展的空间，资源是经济发展的基础，而清洁生产是合理利用资源和保护生态环境以保障社会经济可持续发展的有效途径。

（四）清洁生产理论研究述评

1. 清洁生产理论研究综述

第一，清洁生产理论的基础。刘思华在研究可持续发展与清洁生产关系时指出，清洁生产所要达到的目标是在生产过程中无污染或低污染，产品从使用到最终报废处理的整个生命周期不造成对人类生存环境的损害。生产的整个过程都要实现能源和资源最小量消耗，尽可能地降低污染。清洁生产是一种追求环境效益、社会效益和经济效益协调一致的生产方式，要求首先是少污染或无污染，其次才是高产出、低消耗。这样的生产方式是可持续发展战略的重要体现，是人类为追求持续发展经济在长期的经济社会发展中探寻的现代企业最佳的可持续发展方式。这种生产方式合理地利用了资源并且保护生态环境。熊文强、郭孝菊指出清洁生产理论是以可持续发展理论为基础，在资源与废物转化的理论上，很好地体现了最小化的废物产生，资源的最大化利用以及环境污染无害化。[①] 张凯、崔兆杰指出，数学上的最优化理论就是清洁生产理论的基础。清洁生产的问题的其实就是要在特定的生产条件下使产品产出率最高，使物料消耗最少的问题。当今

---

① 熊文强等：《绿色环保与清洁生产概论》，化学工业出版社2002年版，第58—59页。

世界科技日新月异，集约化和社会化的大生产，提供了清洁生产良好的条件，使整个生产的过程中不会出现不能利用的废物，使原来的废物得到了再利用，而这正好说明了科学技术进步理论是支撑清洁生产理论的基础。①

第二，企业清洁生产的管理模式。阮平南、万融（2002）指出，清洁生产管理是一个复杂的综合性技术。关于清洁生产的管理模式是需要政府支持，全民参与，企业和部门共同努力去构建的。

王守兰、武少华指出，清洁生产在中国还没有进行大规模推广，还是现代化工业和新环境策略的发展模式②。从近些年发达国家的实践经验来看，建立完善的清洁生产体系着力点主要体现在：①树立清洁生产的意识，转变观念；②调整工业结构布局和产业政策；③充实清洁生产法规；④提高清洁生产的标准化管理；⑤推动清洁生产技术开发利用；⑥改善清洁生产的相互协调；⑦推进清洁生产的宣传教育；⑧完善行业清洁生产指南；⑨促进清洁生产信息系统和生产数据库的完整；⑩确定清洁生产的研究、开发、示范和推广的优先领域，加大国家财政支持力度，其次要控制环境的全过程和零排放的实施情况。

第三，国内清洁生产政策法规的体系。20 世纪 90 年代初，中国开始推行清洁生产并制定出一系列鼓励清洁生产的相关政策。这些政策主要包括六个方面。

税收的鼓励。这里面包括增值税优惠、所得税优惠、关税优惠、建筑税优惠等。

财政的鼓励。这里鼓励的范围涉及公众对节水、节能、环保设备和废物再利用产品的使用，实行清洁生产的表彰奖励政策，对清洁生产实行资金补助，对重点项目实行资金支持，支持和鼓励全球经济组织对企业进行清洁生产投资等。

使用和生产环保设备的鼓励。这里主要指企业对规定的国产设备的加速折旧政策，企业在技改项目上可以享受抵免所得税的政策，暂免专门生产目录内设备的所得税政策等。

对外合作的鼓励。对国际合作（包括合作项目、合作方式和合作类型等）给予的政策、资金和法律支持。

相关科研的鼓励。包括加强信息的交流收集、制定财税政策、提供信息、制定和实现清洁生产的标准、加快科技突破、引进消化吸收国外先进技术设备等。

对实施清洁生产的中小企业的扶持。涉及发展专项资金支持、国家技术创新

---

① 张凯、崔兆杰：《清洁生产理论与方法》，科学出版社 2005 年版，第 14—19 页。
② 王守兰等：《清洁生产理论与实务》，机械工业出版社 2002 年版，第 76—84 页。

基金支持、抵免所得税、减免有关税赋等①。

法制研究上，有关部门已经将清洁生产纳入相关规划和法律中。从 20 世纪 80 年代开始，中国颁布和修订的一系列法律法规，例如《大气污染防治法》《水污染防治法》《固体废物污染防治法》等都把清洁生产当作重要内容。2003 年《清洁生产促进法》的实施标志着中国清洁生产工作法制化的开始。

第四，国内清洁生产的评价指标。中国从 1993 年开始逐步制定和颁布清洁生产的行业规范和法律法规，初步形成了清洁生产的规范，这也包括大量评价指标上的探索。由于这种探索定量考评少，指标定性评价多，导致普遍性的科学体系尚未形成。按照生命周期分析，中国主要的清洁生产评价指标分成四类：产品指标、原材料指标、污染物产生指标和资源消耗指标。中国的清洁生产评估存在很多问题，例如评价方法粗糙简单、评价指标不规范、主观性强、定量考评少、定性论述多等。

2. 清洁生产理论研究所存在的缺陷与展望

虽然中国在研究与实践清洁生产中取得了大量的成果，但这些成果仍存在着缺陷，主要表现在三个方面。

第一，清洁生产的研究对象集中在大中型企业。在具体的实践中，往往更加孤立地重视某个企业或行业，对跨地域跨行业施行互利共生的企业群落关注偏少，这样导致多数企业缺乏积极性，在清洁生产上的经济效益低下。

第二，研究层次着重于"点上的多、面上的少"，具体实施局限于经济效益较好的大中型企业，尚未形成中国大多数企业通行的生产模式，导致清洁生产在中国难以形成规模化发展②。

第三，中国虽然早已明确清洁生产的目标和方针，但在具体的实施过程中没有科学规划，不能实现企业、社会和政府的良性互动。相关的法规政策不完善，难以配套，可操作性低导致清洁生产法不能全面推行，尤其是中小企业困难重重。

随着国际社会深入开展清洁生产，世界对新研究领域的开辟，清洁生产正走上一条营造工业生态园、构建循环型企业以及循环经济发展的道路。因此，中国企业界、理论界就应该结合中国国情，与时俱进，把握实际情况，主要从三个方面进行深入探讨。

---

① 廖健等：《我国对清洁生产的鼓励政策》，《当代石油石化》2005 年第 2 期。
② 刘惠荣等：《以循环经济理念促进清洁生产的实施》，《前沿》2005 年第 8 期。

第一，把建设生态工业园与实施清洁生产统一起来。让清洁生产工作的区域不断扩大，从企业层次提高到工业园甚至城市那样的大区域。从最基础的构建循环企业到企业群落资源集成、技术集成、环境集成、资源集成及信息共享，实现社会、企业与环境不断的发展。

第二，将大中型企业清洁生产的举措与中小企业清洁生产政策结合起来，扩大清洁生产的工作，使其由点到面逐步发展，同时分步实施、科学规划，明确企业、政府、社会的责任，以促进中国清洁生产快速健康地向前发展。

第三，把财政扶持、政策引导、法制监督与建立清洁生产机制统一起来。使清洁生产从传统的供给侧战略走向以企业为主体、政府为推进器、市场为导向的需求侧模式，这样才会激起广大企业践行清洁生产的积极性。供给侧机制和需求侧机制的综合使用，可以激发企业对清洁生产长期的需求。

二、实施清洁生产的战略意义

人类在实践过程中向大自然索取和掠夺，为了自身利益，过度开发，消耗资源，污染环境和破坏生态平衡，资源和环境问题已经严重阻碍人类社会的可持续发展。近年来，发达国家经验表明，"先污染，后治理"的道路走不通，而清洁生产是一种最佳的防治污染生产模式，是可持续发展的必然选择，是建设资源节约型社会和环境友好型社会的重要力量，是发展循环经济的前提。

（一）实行清洁生产是可持续发展的必然选择和重要保证

大力推行清洁生产，进一步加强节能减排工作，是实现可持续发展的必由之路，其主要体现在以下几个方面（见图4—2）。

（二）实行清洁生产是发展循环经济的前提

清洁生产（微观层面）和循环经济（宏观层面）是一种点和面的关系。清洁生产是循环经济的基础，循环经济是清洁生产的拓展。在理念上，它们具有共同的理论基础和时代背景；在实践上，它们有相同的实践途径（其关系见表4—2）。

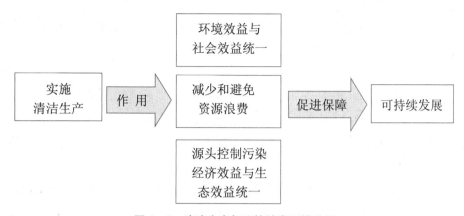

图4—2　清洁生产与可持续发展的关系

表4—2　清洁生产与循环经济的关系

比较内容	循环经济	清洁生产
思想本质	将清洁生产、生态设计、资源综合利用和可持续发展融为一体的经济战略	新型污染防控战略
核心要素	以提高生态效率为核心，强调"3R"原则，实现经济运行的绿色化发展	整体预防、持续运用和改进
原　则	循环经济的"5R"原则	节能、减排、增效、降耗
对　象	对区域、社会和城市等宏观区域	产品的生命周期和生产全过程等微观方面
目　标	废物的低排放或零排放	生产中提高资源利用率，提高产品质和量，从而防止污染
特　征	系统综合性、物质循环性、发展战略性	预防性、综合性、统一性、持续性
宗　旨	提高生态效率，经济效益、社会效益和生态效益统一	

（三）实行清洁生产丰富和完善了企业生产管理

企业管理尤其是生产管理对企业的生存发展尤为重要。清洁生产则通过一套严格的企业清洁生产审核程序（包含产品设计、生产工艺设计、原辅材料准备、物料闭路循环利用、产品销售制造以及辅助生产过程等全过程控制），对生产过程中单位操作进行实测投入和产出数据分析，分析物料损失的主要环节和原因，判断生产中"薄弱环节"和管理不善之处，从而提出一套完整的简单易行的清洁生产方案。

（四）实行农业清洁生产是现代农业生产方式对传统农业的升级和改造

农业清洁生产（Agricultural Cleaner Production，简称 ACP）是指将工业清洁生产的基本思想持续应用于农业生产、产品设计和服务中，从而增加生态效率；在生产中使用对环境无害的绿色农用品，改善农业生产技术，减降农业污染物的排放和毒性，以期减少对环境和人类的风险。

农业是国民经济的基础，如果农业发展滞后就会严重遏制工业化和国民经济的发展。舒尔茨在《改造传统农业》认为农业是可以成为经济发展的主要源泉，但是必须只有现代农业才能对经济增长做出重大贡献。而农业清洁生产是生态农业和现代农业的重要基础。

三、清洁生产的主要内容、目标及原则

（一）清洁生产的主要内容

1. 清洁及高效的能源和原材料

清洁的能源是指新能源以及各种节能技术的开发利用、可再生能源的循环利用、矿物燃料的高效利用（如使用型煤、煤制气和水煤浆等洁净煤技术）。

2. 清洁的生产过程

选用低废或无废的生产技术和高效生产设备；尽量少用或不用对环境产生负面效益的原料；尽量减少或者消除生产过程中的各种危险性因素和有毒有害中间产品的使用；对物料进行内部循环再利用；优化生产组织结构，实施科学的生产管理；采取可靠的生产操控方法。

3. 清洁的产品

产品设计时，应考虑降低生产消耗；在生产时，实现资源的回收和循环利用；在使用过程中不破坏生态环境和危害人体健康；产品使用后易于回收、重复使用和再生；产品应具有合理的使用功能和使用寿命。

（二）清洁生产的两个全过程控制

清洁生产两个全过程控制为：产品的生命周期全过程控制（从原料加工、提炼到产品产出、使用直到报废处置的各个环节实现资源和能源消耗最小化）和生产的全过程控制（从产品开发、规划、设计、建设、生产到运营管理的全过程提高资源利用效率，防止生态破坏和环境污染）。

清洁生产的内容在宏观上体现于污染预防总体战略，在微观上体现于对污染的预防措施。在宏观上，清洁生产思想直接体现在行业的发展规划、工业布局、产业结构调整、工艺技术以及管理模式的完善等方面；在微观上，清洁生产通过具体的手段措施达到生产全过程污染预防。

企业主要通过一套系统的、科学的、操作性很强的清洁生产审核程序（对正在进行或计划生产进行预防污染分析和评估）来推行清洁生产。企业从原材料和能源、工艺技术、设备、过程控制、管理、员工、产品、废物这八条途径，通过全程定量评估跟踪，运用投入—产出的经济学原理，找出不合理排污点位，确定削减排污方案，从而获得企业环境绩效的不断改进。

针对农业生产而言，清洁生产是指把污染预防的综合环境保护策略持续应用于农业生产过程、产品设计和服务中，通过生产和使用对环境温和的绿色农用品（如绿色肥料、绿色农药、绿色地膜等），改善农业生产技术，提供无污染、无公害农产品，实现农业废弃物减量化、资源化、无害化，促进生态平衡，保证人类健康，实现持续发展的新型农业生产。

（三）清洁生产的目标

1. 清洁生产的基本目的

清洁生产是在环境和资源双重压力下产生的。它倡导最充分地利用资源，从源头减少或者避免污染物的排放，从而达到经济效益、环境效益和社会效益相统一，最终促成社会经济可持续发展。

第一，自然资源的充分利用和资源危机的缓解。通过综合利用资源和采用各种节能、降耗、节水措施，尽可能减少原材料和能源的消耗，生产出更多的产品和服务，达到充分利用自然资源的目的。

第二，经济效益的最大化。人类生产和消费的目的在于满足经济效益最大化的需求。企业通过较少原材料和能源的利用、采取高效先进的生产工艺，降低物料和能源的损耗、培养高素质人才，完善企业规章制度，从而实现经济效益最大化。

第三，社会效益和生态效益的统一。生产不但要满足社会对物质量的需求，还要提高人类的生活质量。为此，企业生产应该以最少和最环保的投入来生产最多最绿色的产品。这体现了工业生产经济效益、社会效益和生态效益的统一，保证国民经济的持续发展。

2. 清洁生产的目标

企业开展清洁生产的总目标是：提高资源利用率，降低污染排放，使经济发展与环境保护相协调。清洁生产的具体目标如下。

第一，坚持市场导向原则，不断满足市场需求，对产品进行绿色设计，生产绿色产品。

第二，通过提高资源的利用效率，减缓资源的耗竭。

第三，坚持工业"三废"的低排放和零排放，达到产品的生命周期全过程控制和生产的全过程控制。

（四）清洁生产的原则

清洁生产是产品的生命周期全过程和生产的全过程的控制，需要坚持不懈地踏踏实实地进行工作，来不得半点虚假和放松。因此，清洁生产必须坚持以下原则（见表4—3）：

表4—3　清洁生产的原则

清洁生产原则	具体解释
预防性原则	清洁生产的本质在于强调在产品的生产期内，实现全过程的污染预防，从源头对污染进行削减，以防为主，防治结合，以期达到最佳的治污效果。
整合性原则	清洁生产关系到企业的生存和发展，是企业整体战略的重要部分，要发动企业所有领导和全体员工都充分认识、重视和参与清洁生产工作，整合各种资源，切实有效地推进清洁生产运动。
持续性原则	清洁生产是实现可持续发展的重要战略措施，从时间来看，清洁生产需要相当长的时间才能逐渐显示效果，而且此过程中还要不断改进工艺和技术以更加有效地减少污染的产生和排放，最终使污染水平逐渐与环境的承载能力相适应。
广泛性原则	一方面，清洁生产需要行业企业的广泛参与和在广大的范围内实施。不同的行业企业生产工艺不同，产品不同，对资源的消耗和排污特征也不相同，因此，企业的广泛参与不但可减少"三废"的产生，而且可获得更广泛的经济效益。另一方面，清洁生产只有在更大的范围、更大的区域内实施，才能显出其明显效果，生态平衡才能得以有效地维持和恢复，从而产生良好的环境效益。

清洁生产原则	具体解释
调控性原则	政府的宏观调控和扶持是清洁生产成功推进的关键。政府要从政策调控、利益调控上调动企业清洁生产的积极性，并在技术、物资、资金上大力支持企业搞好清洁生产。
现实性原则	清洁生产的措施应当充分考虑我国当前的生态形势、资源状况和经济发展需求，还要根据不同企业的排污状况和能力条件选择清洁生产的不同阶段和不同模式，使清洁生产更切合企业的现实需求和实际能力，更具可操作性和有效性。
效益性原则	清洁生产也同其他各项生产活动那样需要讲究效益，任何没有效益的活动都是无用的或无效的活动。但是这里所讲的效益，不是单一性的某种效益，而是彼此相连、相互促进的经济效益和环境效益、社会效益的结合和统一。通过清洁生产，节能降耗，资源综合利用，使企业降低生产成本，又增加产出，经济效益更为可观；实施清洁生产减少污染产生，提高治污效果，环境效益日益形成和彰显。经济效益增加，环境效益显现。

四、我国现行清洁生产立法现状及主要制度

在中国，清洁生产思想初步体现于 1983 年颁布的《关于结合技术改造防治工业污染的几项规定》。该《规定》指出，要在生产过程中削减污染物，合理地利用资源和能源，提高资源和能源的利用率，并对产品的设计、工艺的采用和废物的综合利用做了相关规定。1979 年的《环境保护法》（试行）和 1989 年的《环境保护法》都对清洁生产的相关事项进行了一些新的规定。但这些规定只是一些原则性的规定，实际上实施可行性欠缺。目前来说，我国关于清洁生产的较为系统的法律主要是《循环经济促进法》和《清洁生产促进法》。

（一）中国清洁生产的立法历程

中国与清洁生产相关的活动具有较长的历史，早在 20 世纪 70 年代就曾明确提出了"预防为主，防治结合"的方针，强调要通过调整产业布局、产品结构，通过技术改造和"三废"的综合利用等手段防治工业污染。到了 20 世纪 80 年代，随着环境问题的日益严重，中国明确了"预防为主，防治结合"的环境政策，指出要通过技术改造把"三废"排放减少到最小限度。1983 年第二次全国环境保护会议提出：环境问题要尽力在计划过程和生产过程中解决，实现经济效益、社会效益和环境效益统一的指导原则。1985 年中国政府又提出了"持续、

稳定、协调发展"的方针，在总结了中国环境保护和经济建设中的经验教训后，提出了持续发展的思想。国家经贸委和原国家环保局于 1993 年联合召开了第二次全国工业污染防治工作会议。会议明确提出了工业污染防治必须从单纯的末端治理向生产全过程转变，实行清洁生产。《固体废物污染环境防治法》等法律均明确规定：国家鼓励、支持开展清洁生产，减少污染物的产生量。2003 年 1 月 1 日，《中华人民共和国清洁生产促进法》正式施行。这是一部旨在动员各级政府、有关部门、生产和服务企业推行实施清洁生产的法律，从而进一步确立了清洁生产和全过程控制的法律框架，为中国走新型化工业道路提高了法律保障。自 1993 年以来，在国际组织的帮助下、在环保部门、经济综合部门以及工业行业管理部门的推进下，全国共有 24 个省、自治区、直辖市已经开展或正在启动清洁生产示范项目，涉及行业包括化学、轻工、建材、冶金、石化、电力、电子、烟草、机械、纺织印染及交通等行业，据不完全统计，全国大部分省市已经开展了清洁生产审核工作，已有 3000 多家企业进行了清洁生产审计。中国清洁生产法律法规制定历程见表 4—4 所示。

表 4—4　中国清洁生产法律法规制定的历程

时　间	法律法规名称	相关说明
1992 年 5 月	《中国清洁生产行动计划（草案）》	第一次国际清洁生产研讨会上提出
1992 年	《环境与发展十大对策》	明确提出新建、扩建、改建项目等
1993 年	第二次全国工业污染防治工作会议	提出必须从单纯的末端治理向对生产全过程控制转变
1994 年	《中国 21 世纪议程——中国 21 世纪人口、环境与发展白皮书》	实施清洁生产列入可持续发展的主要对策
1995 年	《中华人民共和国固体废物污染环境防治法》	第一次将"清洁生产"的概念写入法律
1996 年	《国务院关于环境保护若干问题的决定》	强调要推进清洁生产
1996 年 12 月	《企业清洁生产审计手册》	中国环境科学出版社出版
1997 年 4 月 14 日	《国家环境保护局关于推进清洁生产的若干意见》	力争到 2000 年建成比较完善的清洁生产管理体制和运行机制
1998 年 11 月	《建设项目环境保护管理条例》	工业建设项目采取清洁生产工艺，防止环境污染和生态破坏
1999 年 5 月	《关于实施清洁生产示范试点计划的通知》	原国家经贸委发布

时　间	法律法规名称	相关说明
1999 年	全国人大环境与资源委员会将《清洁生产法》列入立法计划	
2000 年、2003 年、2006 年	《国家重点行业清洁生产技术导向目录》（分三批）	涉及 13 个行业、共 131 项清洁生产技术
2002 年 6 月 29 日	《中华人民共和国清洁生产促进法》	第一部冠以"清洁生产"的法律
2003 年到2008 年 10 月以来	原国家环境保护总局已经发布 35 个行业清洁生产标准	标准用于企业清洁生产审核和清洁生产潜力与机会判断，以及清洁生产绩效评估与公布
2003 年 12 月 17 日	《关于加快推行清洁生产意见的通知》	加快推进清洁生产
2004 年 8 月 16 日	《清洁生产审核暂行办法》	因地制宜，有序开展清洁生产审核
2005 年 12 月 13 日	《重点企业清洁生产审核程序的规定》	开展全国重点企业清洁生产审核工作
2006 年 4 月 23 日	《清洁生产评价指标体系（试行）》	用于评价企业清洁生产水平
2008 年 7 月 1 日	《关于进一步加强重点企业清洁生产审核工作的通知》以及《重点企业清洁生产审核评估、验收实施指南（试行）》	适用于污染排放超过国家和地方规定的排放标准或者超过经有关地方人民政府核定的污染物排放总量控制指标的企业；使用有毒有害原料进行生产或在生产中排放有毒有害物质的企业以及国家和省级环保部门根据污染减排工作需要确定的重点企业

（二）《清洁生产促进法》概述

2002 年 6 月 29 日，第九届全国人大常委会第二十八次会议通过了《清洁生产促进法》，并于 2012 年 2 月 29 日十一届全国人大常委会第二十五次会议进行了修正。这是中国第一部专门性的关于清洁生产的法律。该法律明确了政府推行清洁生产的责任，以及企业实施清洁生产的要求，并对企业实施清洁生产给予奖励与支持。

新修正的《清洁生产促进法》共分为六章，四十条。

第一章是总则（6 条）。

第二章是关于清洁生产的推行（11 条）。本章是与政府相关的条款。

第三章是关于清洁生产的实施（12 条）。本章是与企业相关的条款。

第四章是鼓励措施（5条）。本法总则的第四条和第六条已经指出，国家鼓励并促进清洁生产。本章主要介绍了国家对开展清洁生产的具体鼓励措施，包括表彰奖励、资金支持、税收优惠等，主要是对积极开展清洁生产的单位和个人进行奖励和优惠政策，并对节能减排的单位财政补贴和价格优惠等措施。

第五章是法律责任（5条）。主要规定了对于违反本法相关强制性规范的行为，追究相关的行政、民事和刑事法律责任。

第六章是附则。只有1条，规定了本法的施行时间。

《中华人民共和国清洁生产促进法》是引导企业、地方和行业领导者转变观念，从传统的末端治理转向污染预防和全过程控制。制定该法主要遵循了清洁生产促进政策，包括支持性政策、经济政策和强制性政策几个方面。支持性政策的涉及面比较宽，包括国家宏观政策及国家的地方规划、行动计划以及宣传与教育、培训等能力建设。经济政策是通过市场的作用将经济与环境决策结合起来，力图利用市场信号以一种与环境目标相一致的方式影响人们的行为。强制性政策在《中华人民共和国清洁生产促进法》中不是主要内容，但它仍然发挥着必要的作用。

从《中华人民共和国清洁生产促进法》的适用领域来看，它与清洁生产本身的适用领域密切相关，既参考了联合国环境规划署清洁生产定义中有关清洁生产的适用范围，也结合了中国的国情。比如说第三条规定了适用范围，主要包括两个方面。第一是全部生产和服务领域的单位。第二是从事相关管理活动的部门。适用范围之所以包括这两个方面，主要是因为目前国内外对清洁生产的认识已突破了传统的工业生产领域，从法律规定的政府责任这一角度出发，清洁生产的范围宜宽不宜窄。更重要的是推荐清洁生产是一个渐进的过程，法律应当为未来的发展留有空间，如果规定得过于狭窄，对今后推行清洁生产不利。

最后，《中华人民共和国清洁生产促进法》的制定具有重要的意义。首先清洁生产是提高自然资源利用效率的必然选择。必须通过调整结构，革新工艺，提高技术装备水平，加强科学管理，合理高效配置资源，以最少的原材料和能源投入生产出尽可能多的产品，提供尽可能多的服务，最大限度地减少污染物的排放。然而它也是对环境末端治理战略的根本变革。它不仅可以使环境状况得到根本的改善，而且能使能源、原材料和生产成本降低，经济效益提高，竞争力增强，实现经济与环境的"双赢"。在根据中国的实践，我们必须依法推行和实施清洁生产。近年来，一些发达国家积累了不少有益的经验，立法是重要的手段之一。如美国《污染与方法》、德国1994年颁布的《循环经济和废物消除法》等，都取得了令人瞩目的效果。因此，借鉴国外经验，中国政府出台了《中华人民共和国清洁生产促进法》。该法的出台和实施可以使各级政府、企业界和全社会更好地了解实施清洁生产的重要意义，提高企业自觉实施清洁生产的积极性，对建设资源节约型环境友好型社会，实现可持续发展具有重大的战略意义。

（三）中国清洁生产主要相关政策解读

1. 促进清洁生产的经济政策

第一，税收鼓励政策。运用税收杠杆、采用税收鼓励或者税收处罚等手段促进经营者、引导消费者选择绿色消费。主要包括：增值税优惠、所得税优惠、关税优惠、营业税优惠、投资方向调节税优惠、建筑税优惠、消费税优惠。

第二，财政鼓励政策。采取积极的财政政策帮助企业在一定程度上解决技改资金问题，加速中国清洁生产的实施。主要包括：其一，各级政府优先采购或按国家规定的比例采购节能、节水、废物再生利用等有利于环境与资源保护的产品。其二，建立清洁生产表彰奖励制度。其三，国务院和县以上各级地方政府在本级财政中安排资金，对清洁生产研究、示范和培训以及实施国家清洁生产重点技术改造项目给予资金补助。其四，政府鼓励和支持国内外经济组织通过金融市场、政府拨款、环境保护补助资金、社会捐款等渠道依法筹集中小企业清洁生产投资资金。其五，列入国家重点污染防治和生态保护的项目，国家给予资金支持。

2. 促进清洁生产的其他相关政策

对中小型企业实施清洁生产的特别扶持政策。主要包括：第一，企业产业范围若符合《中小企业发展产业指导目录》的内容，可以向"中小企业发展专项资金"申请支持。第二，生产或开发项目若是"具有自主知识产权、高技术、高附加值，能大量吸纳就业，节能降耗，有利于环保和出口"的项目，可以向"国家技术创新基金"申请支持。第三，企业的产品若符合《当前国家鼓励发展的环保产业设备（产品目录）》的要求，根据具体情况，可以获得相关的鼓励和扶持政策支持。第四，对利用废水、废气、废渣等废弃物作为原料进行生产的中小型企业，可以申请减免有关税赋。

对生产和使用环保设备的鼓励政策。主要包括：第一，企业技术改造项目凡使用目录中的国产设备，按照相关政策享受投资抵免企业所得税的优惠政策。第二，企业使用目录中的国产设备，经企业提出申请，报批准后可实行加速折旧办法。第三，适当暂免征收企业所得税。第四，重点鼓励开发、研制、生产和使用列入目录的设备。第五，使用财政性质的资金进行的建设项目或政府采购，应优先选用符合要求的目录中的设备（产品）。

对相关科学研究和技术开发的鼓励政策。主要包括：第一，根据法律，制定相关财税政策、提供相关信息、组织科技攻关等。第二，国家和行业科技部门应清洁生产等技术问题列入计划之中，国家有关部门应当组织相关专家进行评价、筛选。第三，国家应促进相应研究和开发的支持及服务系统的建设。第四，国家应努力推动技术成果的转化、推进科技成果的产业化。第五，国家应通过有效的政策措施，鼓励企业消化吸收国外的先进技术和设备，提高清洁装备的国产化水平。

第五章　绿色经济理论

　　2008 年国际金融危机以来，绿色经济迅速成为全球潮流。欧盟、美国、日本、韩国等发达国家和地区制定了一系列以发展绿色能源为特征的政策措施。联合国秘书长潘基文在 2008 年 12 月的联合国气候变化大会上呼吁全球积极实施"绿色新政"。2011 年，联合国环境署发布《迈向绿色经济：通往可持续发展和消除贫困的各种途径——面向决策者的综合报告》，称绿色经济是"可促成提高人类福祉和社会公平，同时显著降低环境风险和生态稀缺的经济"。① 2012 年 6 月，联合国可持续发展大会通过了《我们希望的未来》。该文件充分肯定了绿色经济的积极作用，认为消除贫穷背景下的绿色经济是实现可持续发展的重要工具之一，可使我们更有能力以可持续方式管理自然资源，同时减轻不利的环境影响、提高资源效益、减少浪费。该文件还提议各国根据国情积极制定促进绿色经济发展的政策措施。绿色经济正在成为全球可持续发展的重要方向。

一、绿色经济的提出

　　"绿色经济"一词的提出，最早源自英国环境经济学家大卫·皮尔斯 1989 年出版的《绿色经济蓝皮书》。② 绿色经济的提出有其历史背景，其提出历程经历了萌芽、成长、成熟和全球化四个阶段。

---

① 姜妮：《创新绿色经济中国模式》，《环境经济》2012 年第 5 期。
② 袁丽静：《循环经济、绿色经济和生态经济》，《环境科学与管理》2008 年第 6 期。

（一）绿色经济的提出背景

"绿色经济"概念的提出背景是发端于20世纪60年代前后的一场"绿色革命"及由此带来的第四次浪潮——绿色文明的兴起。

1. 绿色革命

"绿色革命"（Green Revolution）有广义、狭义之分。广义的绿色革命是指在生态学和环境科学基本理论的指导下，人类适应环境，与环境协同发展、和谐共进所创造的一切文化和活动。① 狭义的绿色革命是指发生在印度的"绿色革命"。

1968年印度通过大幅扩大高产水稻、小麦、小米和高粱的种植面积，实现各种粮食作物的总产量超过9500万吨。1968年3月8日，在国际开发协会上美国国务院国际开发署署长威廉·S.高德发表演讲，认定农业领域的这些进展堪称"标志"，预示一场"新兴的绿色革命"。他之所以把这场巨变称为"绿色革命"，原因在于它不同于1917年俄罗斯爆发改变社会制度的"红色革命"，也不同于1963年伊朗国王穆罕默德·礼萨·巴列维为推行社会改革而发起的"白色革命"。促成"绿色革命"的要素，依照高德的判断，首先是高产种子，其次是化肥和农药等农用化学品，再就是灌溉和道路等基础设施以及农业信贷和农业扶持政策。综上所述，1968年3月，"绿色革命"一词诞生，特指通过农业技术开发和推广以及配套措施、农业基础设施建设大幅度提升粮食产量。

绿色革命的成就是史无前例的。"绿色革命"一定程度上解决了迅速增长的人口，特别是众多的发展中国家的吃饭问题。但此后不久，绿色革命也逐渐暴露出其局限性，主要是农业技术推广导致土壤退化和农药、化肥的大量使用。由此导致全球粮食产量增长速度放慢，而人口到2050年将达到85亿，要生产比现在多50%的粮食才能解决仅人口增长一项导致的食物需求问题。为了解决2050年85亿人口的吃饭问题，联合国秘书长潘基文希望通过国际合作，开发新一代农耕技术，发起"第二次绿色革命"。潘基文把"第二次绿色革命"界定为以可持续发展为目标，实现农业产量稳步提高，同时也实现农业耕作对环境影响最小化。②

---

① 澳莹：《绿色革命》，《湖南林业》2008年第10期。
② 徐勇：《潘基文：解决粮食危机需要"第二次绿色革命"》，《中国青年报》2008年6月4日。

由于联合国机构的大力呼吁，国际及区域专业组织、媒体和众多农业研究人员的积极响应，"第二次绿色革命"随后演变成一场全球的"绿色运动"，导致第四次浪潮——绿色文明席卷全球。

2. 绿色文明

从人类结束原始社会，进入人类文明社会以来，共经历四次文明浪潮：第一次浪潮是黄色文明（以农业文明为核心）；第二次浪潮是黑色文明（以工业文明为核心）；第三次浪潮是蓝色文明（以信息文明为核心）；第四次浪潮是绿色文明。绿色文明和前三次"颜色革命"的本质区别，在于打破了主要依靠资源开发、资本驱动和技术进步的思维定式，提出人类和谐共进、科学理性开发、环境抗逆自净、资源循环利用为核心理念的可持续发展之路，实现途径是人类的自我约束和全球化的制度安排。

当第三次浪潮风起云涌之际，人们曾经寄希望于它能克服黑色文明存在的两大弊端：对自然资源越来越疯狂的掠夺和对生态环境越来越严重的破坏。但后来发现，这是做不到的。因为第三次浪潮沿袭的仍然是传统的发展思路和发展方式，即依靠科技进步、战略资源开发利用和资本驱动推进社会发展。我们认为，单靠技术力量不能颠覆黑色文明。人类需要"进行一场环境革命"来拯救自己的命运，需要从对人类文明史的反思中建设一种新的人与自然可持续发展的文明。今天，第四次浪潮正在席卷全球，迅速改变着人类的思维方式、生产方式和生活方式，使人类进入一个新的人与大自然和谐相处的文明阶段——绿色文明。

绿色文明是人类自工业革命以来对所走过的道路进行反思的结果，是新文明的核心内容。

绿色文明是人与自然以及人类自身高度和谐的文明，人与自然相互和谐的可持续发展，是绿色文明的旗帜和灵魂。

绿色文明道德提倡人与自然的和谐相处、协调发展、协同演化，绿色文明既反对无谓地顺从自然，也反对统治自然。

绿色文明要求把追求环境效益、经济效益和社会效益的综合效益作为文明系统的整体效益，环境效益、经济效益和社会效益是应该而且可以相互促进的。

绿色文明认为技术是联结人类与自然的纽带。同时，技术又是一把双刃剑，一面对着自然，一面对着人类社会，所以必须对技术的发展方向进行评价和调整。

绿色文明要求打破传统的信息不畅、条块分割的管理体制，建立一个高效的能综合调控生产、生活和生态的管理体制。

（二）绿色经济的提出历程

绿色经济的提出历程伴随着绿色经济思想的形成和发展，其提出和发展主要经历以下几个阶段。

1. 萌芽阶段

对经济与环境关系的思考在思想家那里很早就开始了。生态与经济关系的思想渊源，最早大约可以追溯到 17 世纪末 18 世纪初古典经济学家关于经济增长与资源承载力和环境容量间关系的朴素观点。17 世纪英国古典政治经济学的奠基人威廉·配第已开始意识到劳动创造财富的能力要受到自然条件的制约。1798 年马尔萨斯开始关注人口与土地、粮食的关系，认为人口增长有超过食物供应增长的趋势，从而提出了"资源绝对稀缺论"。1817 年李嘉图提出了"资源相对稀缺论"。1871 年约翰·穆勒提出了"静态经济"的观点，认为自然环境、人口和财富均应保持在一个静止稳定的水平上，并作出了"生产的限制是两重的，即资本不足和土地不足"的结论。1876 年恩格斯在《自然辩证法》里告诫人类：但是我们不要过分陶醉于我们对自然界的胜利。对于每一次这样的胜利，自然界都报复了我们。每一次胜利，在每一步都确实取得了我们预期的结果，但是在第二步和第三步都有完全不同的、出乎意料的影响，常常把第一个结果取消了。客观地说，20 世纪之前人们对生态与环境问题的关注主要体现在人口与粮食的矛盾，主流经济学一直主张环境对经济增长的制约是微不足道的。[1]

2. 成长阶段

1972 年发表的《增长的极限》是环境保护运动的先驱组织著名的罗马俱乐部给世界的第一个报告。报告提出了人类目前所共同面临的环境问题，并对传统经济发展方式提出质疑。地球的有限性也必须要求人类适度地发展经济，这是绿色经济的雏形，是人类首次提出环境问题，但仅此而已，没有提出具体的解决措施。

1972 年 6 月，联合国首次环境会议在瑞典斯德哥尔摩召开，有来自 113 个国家的 1300 多名代表参加。会议通过了划时代的历史性文献《斯德哥尔摩人类环境宣言》。宣言郑重申明：人类有权享有良好的环境，也有责任为子孙后代保护

---

[1]　剧宇宏：《中国绿色经济发展的机制与制度研究》，武汉理工大学博士学位论文，2009 年。

和改善环境，各国有责任确保不损坏其他国家的环境；环境政策应当增进发展中国家的发展潜力。其目的在于鼓励和指导各国政府、联合国机构和国际组织在采取具体措施解决各种环境问题方面进行合作。①

3. 成熟阶段

1980 年 3 月 5 日，联合国大会发表《世界保护自然大纲》，"可持续发展"的概念第一次被明确提出。1987 年在联合国世界与环境发展委员会发表的《我们共同的未来》中进一步对可持续发展概念进行了阐述。"可持续发展"的理念为绿色经济的形成提供了重要的理论基础，标志着绿色经济思想初步形成。

首次提出"绿色经济"概念的大卫·皮尔斯认为经济发展必须是自然环境和人类自身可承受的，不会因为自然资源耗竭而使发展无法持续，不会因盲目追求生产增长而造成生存危机和社会分裂。他主张从社会及生产条件出发，建立一种可承受的绿色经济。② 绿色经济是以传统经济为基础，以可持续发展理论为依据而提出的更为先进、合理、完善的经济发展模式，为人类社会继续生存和发展指明了方向。

从 1990 年开始，联合国环境署、联合国统计署、世界银行等一些国际组织就开展了绿色 GDP 核算、绿色财富、绿色增长等相关研究，使绿色经济理论进入实用研究阶段。而真正使绿色经济成为一种新的能够引领世界经济活动走向的话语，则是因为联合国秘书长潘基文的强烈呼吁。在 2007 年年底联合国巴厘岛气候会议上，潘基文指出："人类正面临着一次绿色经济时代的巨大变革，绿色经济和绿色发展是未来的道路。绿色经济正在为发展和创新产生积极的推动作用，它的规模之大可能是自工业革命以来最为罕见的。"③

4. 全球化阶段

2008 年 9 月，世界金融危机全面爆发。为应对危机及促进世界各国经济尽快复苏，联合国环境规划署于 2008 年 10 月 22 日提出了一个发展绿色经济和绿色新政的倡议。该倡议旨在通过倡导产业的绿色化、绿色投资、绿色消费等推动世界产业革命，推动世界各国向绿色经济发展模式转变，创造新的绿色工作机会，从而促进世界经济复苏和经济升级；同时使全球领导者以及相关部门的决策

---

① 徐晓鹏、武春友：《水资源价格理论研究综述》，《甘肃社会科学》2005 年第 6 期。
② 杨运星：《生态经济、循环经济、绿色经济与低碳经济之辨析》，《前沿》2011 年第 4 期。
③ 杨志、张洪国：《气候变化与低碳经济、绿色经济、循环经济之辨析》，《广东社会科学》2009 年第 10 期。

者意识到环境保护投资对经济增长、增加就业等方面的贡献，并将这种意识体现到经济危机重建的金融、贸易、环境等相关经济政策中。联合国环境规划署表示，绿色经济发展模式包括许多具有发展前景的领域，能够创造巨大的经济、社会和环境收益，各国要加大对这些领域的投资力度，以促进经济复苏，增加就业、减少贫困和保护环境。

联合国环境规划署的绿色经济、绿色新政倡议得到了国际社会的积极响应。欧盟认为从长远看投资能源和气候变化领域对刺激市场需求、促进经济增长将产生巨大推动作用；美国总统奥巴马认为发展绿色经济将促进美国清洁能源和环保产业成为经济增长的新引擎，有助于美国转变发展模式，加快美国经济复苏步伐；日本政府认为实施绿色经济新政有助于扩大内需，并可以通过财政手段增强企业在发展环境产业上的竞争力。胡锦涛总书记在 2009 年 9 月 22 日联合国气候变化峰会上指出："要大力发展绿色经济，积极发展低碳经济和循环经济，研发和推广气候友好技术。"时任中国国家副主席习近平出席博鳌亚洲论坛 2010 年年会开幕式并发表题为《携手推进亚洲绿色发展和可持续发展》的主旨演讲。他强调，绿色发展和可持续发展是当今世界的时代潮流，亚洲各国要坚持凝聚共识，加强团结合作，在实践中走出一条绿色发展和可持续发展之路。

从人类发展历史来看，每一次经济危机都会带来产业大调整和全球分工格局的变化，同时也会带来发展观念的深刻变革。"经济的'绿色化'不是增长的负担，而是增长的引擎"已经成为世界各国的共识。这意味着，绿色产业被赋予了担当全球新的主导产业的"新使命"，绿色经济成为引领全球经济复苏与应对环境资源问题的新引擎，以绿色发展推动世界经济可持续发展已经成为未来全球健康发展的共同方向。①

二、绿色经济的内涵与特征

（一）绿色经济的内涵

对绿色经济的内涵学界多从如下两个角度进行界定：第一种是服务于实践操作层面，自下而上直接定义绿色经济的产业部门和领域，如联合国环境规划署（UNEP）给出的绿色经济主要包括可再生能源、清洁技术、生物多样性、绿色

---

① 周婧：《绿色经济与我国出口贸易研究》，安徽大学硕士学位论文，2010 年。

建筑、废物管理、环境和生态系统的基础设施建设与可持续交通等 8 个领域。这些部门的经济产出越大，说明经济体中绿色的成分也越高。第二种是从学术理论层面自上而下地对绿色经济进行定义，绿色经济是指资源消耗、环境污染、碳足迹、生态足迹都在允许范围内扣除资源和环境消耗成本后经济净产出最大化的经济体。

本书认为对绿色经济内涵的理解要把握以下要点：一是绿色经济兴起主要是因为经济发展与环境资源产生的矛盾冲突日益激烈；二是绿色经济的发展目标是实现经济社会和环境资源的可持续发展；三是绿色经济发展的主要内容是经济活动过程和结果的绿色化、环保化；四是绿色经济发展的主要途径和手段是把环境资源作为经济大系统的子系统和经济的内在要素实现经济大系统内环境资源与经济的协调发展；五是认为绿色经济的支撑是发展绿色科技，不论是提高竞争力，还是从绿色经济中获取更多利益，都离不开技术的保障。

根据以上的分析和探讨，本书对绿色经济的概念界定为：将环境与资源的保护和可持续利用，作为经济活动各个环节（生产、流通、使用等）、各个领域（各产业、区域）发展的基本目标和动力的经济模式，以降低经济发展对环境的损害和资源的消耗，实现经济社会和环境的协调发展，以环境保护与资源的可持续利用为本质条件的经济发展模式。这一发展模式优先关注人类的健康与福祉，减少人类活动对环境的损害，充分认识原生生态和人工生态系统提供的服务功能和价值，并通过不断创新和高效管理相结合而获取新的绿色经济增长点。①

（二）绿色经济的特征

绿色经济作为一种新的经济发展模式，与为实现工业化和城镇化所采用的黑色经济模式相对应。与传统经济发展模式相比，绿色经济最本质的特征是环境友好与资源节约，环境友好在现阶段应该是社会经济活动对环境的负荷和影响要达到现有技术经济条件下的最小化，最终这种负荷和影响要控制在生态系统的资源供给能力和环境自净容量之内，形成社会经济活动与生态系统之间的良性循环。② 具体而言，绿色经济的特征包括：

---

① 姜妮：《创新绿色经济中国模式》，《环境经济》2012 年第 5 期。
② 任勇、俞海、夏光、李霞、李华友：《环境友好型社会理念的认识基础及内涵》，《环境经济》2005 年第 12 期。

1. 绿色经济是可持续发展的经济

英国环境经济学家大卫·皮尔斯指出，绿色经济作为一种经济发展模式，与为实现工业化和城镇化所采用的黑色经济模式相对应。在黑色经济模式下，经济增长和社会发展需要消耗大量矿石能源，导致人类社会面临严重的环境污染、资源枯竭和生态退化等问题，不断威胁着人类的生存和发展。

绿色经济强调生态环境容量和资源承载能力是经济发展的刚性约束条件。绿色经济是建立在资源承载力和生态环境容量的约束条件下可持续发展的经济发展形态。绿色经济应使经济活动的各个产业、生产环节都有别于传统经济发展模式。绿色经济要求发展绿色农业、绿色工业和绿色服务业。绿色经济要追求各个生产环节的发展模式的转变。具体而言，绿色经济是在生产、流通、消费、分配、投资、贸易等经济链条上，通过经济结构调整、转变发展方式等途径，促进资源消耗和污染排放与经济发展相对和绝对脱钩，最终实现环境改善、自然资源的可持续利用、经济和社会可持续发展的一种经济模式。《绿色经济太原宣言》认为绿色经济的核心内容是"以生态文明为价值取向，以生态资本、知识资本、智力资本为基本要素，以人与自然和谐发展和生态经济协调发展为根本目标，不断实现生态资本保值增值的可持续发展经济"。①

2. 绿色经济是以人为本的经济

绿色经济的主旨是服务于人的需要和人的发展，如果片面强调自然伦理和生物中心主义，否认人类自身的价值，那么绿色经济发展就失去了意义，在现实实践中也是难以成立的。② 我们强调人类在经济活动中要亲和自然、尊重自然，并不是像唯生态主义者那样要求人类重新返回史前的生存状态彻底放弃对自然的利用和改造，而是希望通过人与自然的和谐发展，更好地实现人类的全面发展，包括代际全面发展。与传统经济学不同，绿色经济是一种更高层次的人类利己主义，主张兼顾个人利益、全体人类的利益，当代人利益与不同代人利益。③ 因此，人类为了最大程度的利己目的，才有必要最大限度地节约和利用自然资源，保护生态环境，保护动植物，即从人的最大经济福利来实现资源的优化配置。因此绿色经济以提高人的生活质量和幸福度为经济活动的目标，而不是以 GDP 和利润最大化作为最终目标。

---

① 中国国际经济交流中心课题组：《中国实施绿色发展的公共政策研究》，中国经济出版社 2013 年版。

② 余春祥：《对绿色经济发展的若干理论探讨》，《经济问题探索》2003 年第 12 期。

③ 赵斌：《关于绿色经济理论与实践的思考》，《社会科学研究》2006 年第 3 期。

3. 绿色经济是追求三大效益内在统一的经济

绿色经济是在保证生态效益、社会效益基础上追求经济效益最大化，实现经济效益、社会效益和生态效益内在统一的经济。

绿色经济认为实现经济系统效率最大化是实现生态系统的和谐、社会系统的以人为本最重要的物质基础。作为一种超越唯生态主义和唯社会公平的经济，绿色经济更主要地体现着最小资源耗费与最大经济产出，清洁生产资源循环利用，用高新技术创新生态系统，而不是满足于旧的生态和谐的要求的特征。因为只有效率最大化才能保证生态系统在新的条件下实现和谐或在更高的层次上实现新的和谐，也才能使社会系统的最大公平目标得以实现。①

绿色经济努力追求经济发展、社会进步与生态文明三者良性互动。绿色经济认为社会进步要有益于绿色文明的普及，环境保护、绿色消费、绿色生活等应成为社会的自觉行为，其目的在于预防、恢复或补偿由于经济行为所造成的环境损失。②

4. 绿色经济是"三低"经济

三低是指低消耗、低排放、低污染。低消耗指用较少的资源、能源消耗及其他经济、社会成本，来实现经济发展的各项目标。绿色经济强调经济、社会和环境的一体化发展，要求在较小的环境代价、较低的资源消耗下实现经济发展。实现环境友好，必须通过对传统产业的升级改造，不断壮大节能环保等新兴产业，使整个经济活动的绿色程度不断提升。绿色经济要求将污染物排放总量控制在环境自净能力范围内，尽可能减轻对环境的不利影响。这可以通过一系列的经济杠杆和政策手段来实现。如：鼓励和倡导节约资源、保护环境、符合可持续发展理念的绿色经济模式和消费方式；实施节能产品惠民工程、支持节能灯具进社区、立法限制过度包装、鼓励购买小排量汽车、积极研究制定居民阶梯电价制度。

5. 绿色经济是"三高"经济

三高是指高效益、高碳汇、高循环。绿色经济要求在实现资源能源低消耗、低排放和低污染的同时，实现经济的增长，需要考虑经济上的可行性。目前，国内很多城市都提出了大力发展绿色经济、低碳城市等目标，其核心就是以发展绿色、低碳的产业为抓手，带动经济的发展，而不是为了保护环境而牺牲经济发

---

① 赵斌：《关于绿色经济理论与实践的思考》，《社会科学研究》2006 年第 3 期。
② 赵斌：《关于绿色经济理论的新思维》，《生产力研究》2006 年第 5 期。

展。实现这一目标需要通过增加碳汇、大力发展循环经济等一系列措施。

绿色经济不仅要从源头上减少排放和增强资源利用，还要通过其他办法来吸收碳、固定碳，达到一种平衡。所以高碳汇也是绿色经济，这包括大范围的植树造林和生态建设，中国三大产业实际上都可以通过增加碳汇来实现一定的经济效益。

循环经济是包含在绿色经济之中的。通过加大循环经济推行力度，能够实现绿色经济的各项要求。总之，绿色经济是更大的概念，包括生态经济、低碳经济、循环经济；"三低、三高"是绿色经济比较完整的含义。

（三）绿色经济与相关概念的比较

目前还有其他一些概念与绿色经济概念类似，如生态经济、循环经济和低碳经济等概念。实际上，所有这些概念都是在经济发展的不同阶段为解决当时某些突出的、特定的经济和环境矛盾而产生的，在本质上具有统一性、连贯性和一致性，具有相同的系统观、发展观、生产观和消费观，彼此一脉相承，不能割裂或者对立起来。但是，不同的概念有不同的侧重点。绿色经济正是在已有理论的基础上，对环境与经济问题认识的逻辑发展，而不是简单地变换概念。

1. 绿色经济与生态经济

生态经济主要从宏观经济的角度来研究探讨生态环境问题、生态环境与经济发展的相互关系及两者矛盾的解决方法。而绿色经济则一般从微观经济角度以发展绿色产业和产品为手段，达到在获取经济效益的同时保护和改善生态环境的目的。生态经济强调生产过程应符合生态关系，如生态农业一般以食物链原理来设计各种生产模式，强调"一环扣一环"的关系，以达到充分利用资源的目的。而绿色经济则注重生产过程及结果应符合特定的标准而不管何种生产模式。[①]

2. 绿色经济与循环经济

绿色经济和循环经济具有许多相同之处。首先，两者都强调可持续发展的思想，强调要改变过去传统工业化社会的发展理念。其次，在许多具体的发展思路上两者也有许多相同点。例如，强调资源节约。在生产的投入阶段，两者都强调在保证正常生产的前提下，尽可能少地输入自然资源，用可再生资源代替非可再

---

① 张叶：《绿色经济问题初探》，《生态经济》2002 年第 3 期。

生资源。又如，强调污染物产生最少化。再如，强调预防原则。两种经济均强调在污染前采取防止对策，而不是在污染后采取治理措施。此外，两者都强调节制消费，都强调物资的回收利用，能源的有效使用和对环境的保护等。

两者的区别体现在绿色经济所包含的内容比循环经济要广。例如，绿色经济包含了在产品的分配过程中实现绿色配送，尽管循环经济中也强调产品包装等材料循环利用，但绿色配送比循环经济中相关的内容更加丰富。[①] 还比如绿色经济理论在强调社会公平方面比循环经济的内容要丰富得多，循环经济不包括绿色分配——保证最低收入的人能够购买和消费绿色产品的内容。此外，循环经济比绿色经济更加突出强调了资源的循环。循环经济的增长模式是"资源—产品—再生资源"。它要求尽可能地利用可再生资源代替不可再生资源，不断提高自然资源的利用效率，尽可能地节约自然资源，循环使用资源，创造良性的社会财富，从而建立起循环生产和循环消费的观念。

由此可见，绿色经济是一个比循环经济更加宽泛的概念，而循环经济更加强调资源循环理念和循环利用资源的重要性，我们可以将循环经济看作实现绿色经济的重要手段，发展循环经济也是发展绿色经济的应有之义。

3. 绿色经济与低碳经济

低碳经济与绿色经济都强调改变过去传统工业化社会的发展理念，并将可持续发展的思想贯穿人类经济活动过程。其次，在许多具体的发展思路上，绿色经济和低碳经济也有许多相同点。例如，在生产的投入阶段，两者都强调尽可能少地使用矿石能源，用可再生能源和新能源代替原有的矿石能源；其次，在产品生产和消费的环节，两者都强调节能、降耗、减少碳排放。在消费环节，两者都强调适度节制消费，都强调物资的回收利用、能源的有效使用等。跟绿色经济一样，低碳经济也强调植树造林，以增加碳汇，吸收二氧化碳等。

与绿色经济相比，低碳经济主要是针对碳排放而言的。尽管全球气候变暖是当前人类面临的最主要的环境问题，但是碳排放并不能概括人类所面临的全部环境问题。由此可见，绿色经济是一个比低碳经济范围更广的概念，应当包含低碳经济。但同时应该认识到，低碳经济的理念也在进一步扩展，如减少物质的使用，增加废物的循环使用等。满足了人类的需求而不需要消耗新的资源和能源，也相当于减少了碳排放。

通过上文对生态经济、循环经济和低碳经济几个相关概念的分析，可以发

---

① 姜妮：《创新绿色经济中国模式》，《环境经济》2012 年第 5 期。

现，绿色经济的范围最广，循环经济和低碳经济可以看作绿色经济的特例。循环经济可以看作实现绿色经济的具体手段，而低碳经济则主要从降低温室气体（主要是二氧化碳）这种特殊污染物来实现绿色经济。① 生态经济在理念上与其他概念有所区别，但最终目标是一致的。

归纳起来，以上四种经济既有联系又有区别，其研究角度、内容等方面既有相似之处，又有各自特点。绿色经济概念所涵盖和反映的范围最为广泛，低碳经济、循环经济和生态经济等都可以归属到绿色经济的大范畴内。

表5—1　绿色经济与相关经济形态的比较

经济形态	提出背景	特征	主要内容	研究角度
生态经济	20世纪50年代，生态环境和经济发展的矛盾加剧，国内20世纪80年代开始研究	系统性 协调性 效率性 可持续性	生态产业 生态恢复 生态保护	经济与生态系统的协调
循环经济	20世纪60年代，兴起环保运动，国内1998年引入循环经济概念	"资源—产品—再生资源"闭环型资源流动循环模式	微观循环经济 中观循环经济 宏观循环经济	资源减量化、再利用、循环
低碳经济	20世纪90年代以来，气候问题，国内2008年后开始研究	经济增长与由能源消费引发的碳排放"脱钩"	低碳能源 低碳产业 低碳产品 低碳技术	碳排放
绿色经济	20世纪60年代开始绿色革命，1989年提出绿色经济概念	以生态效益、社会效益为基础追求经济效益最大化，以追求三大效益内在统一性为特征	拉动经济增长要素的绿色化 经济活动过程的绿色化 产业的绿色化 保障手段的绿色化	绿色生产、流通、分配、消费

三、绿色经济发展的主要内容和基本趋势

（一）绿色经济发展的主要内容

绿色经济是一个总体概念，包括了经济活动的方方面面。绿色经济发展的主

---

① 姜妮：《创新绿色经济中国模式》，《环境经济》2012年第5期。

要内容包括经济活动过程的绿色化、产业的绿色化、拉动经济增长要素的绿色化和保障手段的绿色化。

1. 经济活动过程的绿色化

人类的生存过程无时无刻不伴随着人与自然的能量与物质交换过程，从产品的生产、分配到使用，每个环节都会涉及与绿色经济相关的问题。

第一，绿色生产。绿色经济在生产阶段体现为绿色生产，绿色生产（Green production）在工业部门也叫清洁生产（Clean production），是指以节能、降耗、减污为目标，以管理和技术为手段，实施工业生产全过程污染控制，使污染物的产生量最少化的一种综合措施。[①] 绿色生产特别强调在污染前采取防止对策，而不是在污染后采取治理措施，强调将污染物和废弃物尽可能消除在生产过程中，实现生产过程的全过程控制。

绿色生产过程包括通过采用无污染、少污染的新技术、新设备，达到节约能源及资源的目的；通过开展原材料的循环使用和回收利用，综合利用废旧物资，提高资源利用率，减少对地球资源的耗用；通过强化生产组织过程和原材料储运的管理，减少物料的流失和浪费；还包括对排放的污染物进行"三废"综合治理。绿色生产可以实现在生产过程中减少废、污物的产生和排放，以实现合理利用资源，减少整个生产活动对人类和环境的危害。而资源的有效利用、短缺资源的代用、资源的再利用，以及节能、省料、节水，可以减缓资源的耗竭。

第二，绿色分配。在市场经济条件下，产品的分配是通过价值规律实现的，因此，产品分配中的绿色经济主要体现在"绿色分配"上，即在产品运输和配送过程中实现"绿色营销"和"绿色物流"。

绿色营销。所谓"绿色营销"是指企业以环境保护为经营指导思想，以绿色文化为价值观念，以消费者的绿色消费为中心和出发点的营销观念、营销方式和营销策略。它要求企业在经营中贯彻自身利益、消费者利益和环境利益相结合的原则。企业在充分意识到消费者日益提高的环保意识和无公害产品需求的基础上，发现、创造并选择市场机会，通过一系列理性化的营销手段来满足消费者以及社会生态环境发展的需要。绿色营销的核心是按照环保与生态原则来选择和确定营销组合的策略，是建立在绿色技术、绿色市场和绿色经济基础上的，对人类生态关注给予回应的一种经营方式。绿色营销的最终目的是在化解环境危机的过程中获得商业机会，在实现企业利润和消费者满意的同时，达成人与自然的和谐

---

① 陈涛：《钢铁材料绿色生产管理研究》，辽宁科技大学硕士学位论文，2008年。

相处、共存共荣。①

绿色物流。"绿色物流"的概念是指利用先进物流技术规划和实施运输、储存、包装、装卸、流通加工等物流活动，以达到在实现物流服务目标的同时，降低对环境的污染、减少资源消耗。② 绿色物流的内涵包括集约资源、绿色运输、绿色仓储、绿色包装以及废弃物物流五个方面。具体来说，集约资源是绿色物流的本质和主要指导思想。绿色运输要求对运输线路进行合理布局与规划，通过缩短运输路线，提高车辆装载率等措施，实现节能减排的目标。绿色仓储要求仓储布局要科学，使仓库得以充分利用，实现仓储面积利用的最大化，减少仓储成本；仓库选址要合理，有利于节约运输成本。绿色包装可以提高包装材料的回收利用率，有效控制资源消耗，避免环境污染。③ 废弃物物流是指在经济活动中失去原有价值的物品，根据实际需要对其进行搜集、分类、加工、包装、搬运、储存等，然后分送到专门处理场所的流动活动。废弃物物流也是绿色物流的组成部分。

绿色使用。产品消费中的绿色经济体现为绿色使用。绿色使用是在产品的使用过程中，尽量避免或减少对环境的破坏，崇尚自然和保护生态等为特征的行为和过程。绿色使用在经济活动的过程中主要体现在对绿色产品的使用及回收利用上。促进绿色使用主要是促进企业以生产绿色产品作为获取经济利益的途径，促进公众以购买绿色产品为时尚。

绿色产品与传统产品的根本区别在于其改善环境和社会生活品质的功能。绿色产品能直接促使人们消费观念和产品生产的方式转变，其主要特点是以市场调节方式来实现环境保护为目标。绿色产品是指生产过程及其本身节水、节能、低毒、低污染、可再生、可回收的一类产品，是绿色科技应用的最终体现。绿色产品就是要在其生命循环全程中，对生态环境无害或危害极少，能源消耗低、资源利用率高，符合环境保护要求的产品，主要包括企业在生产过程中选用清洁原料、采用清洁工艺；用户在使用产品时不产生或很少产生环境污染；产品在回收处理过程中很少产生废弃物；产品生产最大限度地节约能源，在其生命循环的各个环节所消耗的能源应达到最少；产品应尽量减少材料使用量，材料能最大限度地被再利用。④

① 荆翡、牟晓明、王大桥：《主题雷同旅游景区的营销策略创新路径分析——以江苏连云港和山西娄烦花果山景区为例》，《长春理工大学学报》（社会科学版）2011 年第 6 期。
② 龚顺清：《试论现代绿色物流及其管理》，《商场现代化》2005 年第 2 期。
③ 孟祥茹：《论绿色物流》，《物流科技》2001 年第 4 期。
④ 潘彦：《绿色产品设计方案评价指标体系的建立》，《企业导报》2010 年第 10 期。

2. 产业的绿色化

产业的绿色是指在产业活动中应用绿色技术生产绿色产品，提供绿色服务，在产业活动的各个环节、各个领域都将环境与资源的保护和可持续利用作为发展的基本目标和模式，以实现经济、社会和环境的可持续发展。绿色产业是发展绿色经济的物质基础。按照一二三次产业分类法，将绿色产业划分为绿色农业、绿色工业和绿色服务业。

绿色农业。绿色农业是指以促进农产品安全、资源安全、生态安全和提高农业综合经济效益的协调统一为目标，充分运用绿色农业科技，倡导农业标准化，推动农业可持续发展的模式。绿色农业是在对"有机农业""传统农业""替代农业"和"现代农业"等农业发展模式进行综合分析的基础上进一步发展而形成的。

绿色农业主导模式具有三大内涵。一是倡导"以人为本"的观念，提供卫生安全、营养合理、数量充足的食物是绿色农业发展的基本功能。绿色农业强调安全但不拒绝农药、化肥的合理使用。二是积极倡导和贯彻农业全程一体化管理的理念，为提供优质、安全、营养的绿色食品必须实行产前、产中、产后的全过程控制。三是倡导资源节约型、环境友好型社会的建设，对生产、生活废弃物实行资源化处理，对农业野生资源加强保护和利用，逐步改善农村生产、生活和生态环境。①

绿色工业。绿色工业是指在绿色经济理念的指导下，尊重客观经济规律，利用绿色科技，发展生态工业，推动工业绿色化，调整经济结构、转变增长方式，提高工业经济增长的质量和效益，实现经济、社会与环境的协调发展。发展绿色工业要严格环境准入，从严控制工业污染物的排放；淘汰严重污染环境和耗费资源的落后设备、产品、工艺和技术；大力发展低能耗、高附加值的高新技术产业；运用高新技术和先进适用技术改造提升传统产业。

绿色服务业。绿色服务业，是指有利于保护生态环境，节约资源和能源的、无污、无害、无毒的、有益于人类健康的服务产业。绿色服务业要求企业在经营管理中根据可持续发展战略的要求，充分考虑自然环境的保护和人类的身心健康，从服务流程的各个环节着手，节约资源和能源、防污、减污和治污，以达到企业的经济效益和环保效益的有机统一。②

环境服务业作为服务业的一个重要组成部分，其绿色化是整个服务行业绿色

---

① 徐柏园：《发展绿色农业是建设现代农业的最佳选择》，《中国信息报》2007年9月3日。
② 胡子祥：《论绿色服务》，《西南交通大学学报》（社会科学版）2004年第4期。

化的重要标杆。环境服务业是指为环境保护、污染防治提供相关服务活动的产业，主要包括环境技术服务、环境咨询服务、污染治理设施运营管理、废旧资源回收处置、环境贸易与金融服务、环境功能及其他环境服务六类。实现环境服务业的绿色化，要坚持环境服务业产业化、市场化、社会化方向，通过实施各种有效的经济政策来刺激行业的发展及其市场的发育，推进环境服务业产业化进程，加强环境咨询服务能力建设，推进环境咨询服务市场化。

3. 拉动经济增长要素的绿色化

消费、投资和出口是拉动经济增长的"三驾马车"，绿色经济的发展同样也离不开绿色消费、绿色投资和绿色贸易等相关因素的驱动。

绿色消费。绿色消费是一种绿色文明的消费观，它要求对自然资源、生活资料和公共产品的消费，包括消费观念、消费能力、消费行为、消费模式、消费政策等方面的抉择都要有效体现环境意识和可持续发展的思想。同时，提倡理性消费，量入为出，适可而止，限制盲目膨胀的消费需求，增强生态意识，防止生态环境的破坏和浪费。①

绿色消费具有四个方面的特征：一是倡导消费者在消费时选择绿色产品；二是在消费过程中注重对废弃物的处置，不造成环境污染；三是引导消费者转变消费观念，崇尚自然、追求健康，注重环保和节约资源，实现可持续消费；② 四是引导生产商采用绿色原材料生产绿色产品。

绿色投资。传统投资模式旨在通过资本投入实现盈利目的，赚取利润是投资的唯一目标。这种投资生产活动的结果使得资源耗费严重，造成大量污染，不利于社会经济可持续发展。绿色投资相对传统的投资模式具有以下特点。

绿色投资是基于可持续发展的投资。传统投资行为依靠资源的大量消耗以及对环境的索取和破坏换取经济增长。在绿色投资模式下，人类把环境保护与产品生产统一起来，注意资源节约和科学利用，环境利用与维护并举，使得资源、环境保护与经济发展获得统一。

绿色投资是由"生态人"、"经济人"和"社会人"三者统一的"绿色人"进行的投资。投资主体在其投资决策中，选择标准是经济、社会、环境三重标准，而不是单一的经济准则。

绿色投资收益包括经济、社会和生态收益。传统投资获得的收益仅是盈余，

---

① 包庆德、张燕：《关于绿色消费的生态哲学思考》，《自然辩证法研究》2004 年第 2 期。
② 杨丽艳：《论绿色消费与绿色营销》，《经济师》2003 年第 3 期。

即利润。在价值创造上，绿色投资的价值创造是长期收益，而传统投资获取的是短期收益。①

绿色贸易。绿色贸易是指适应经济社会可持续发展的要求，将节约资源、减少污染、保护生态环境等目标和要求，贯穿于贸易活动的全过程和各个方面，以实现贸易与环境的协调发展。

中国现行贸易体系总体上存在贸易结构不合理、贸易顺差过大、贸易的环境效率低下等问题。低环境成本、低资源成本仍然是中国对外贸易的两大优势，"两高一资"产品占出口比重仍然较大。绿色贸易是绿色经济的重要组成部分，我们要统筹兼顾资源节约、环境保护、经济发展和国家安全的关系，在中国经济的整体发展中，逐步实现贸易环节的全面绿色化。

4. 保障手段的绿色化

绿色经济的发展离不开相应保障手段的支撑，主要包括：

绿色技术。绿色技术涉及能源节约、环境保护及整个绿色产业领域。具体包括：清洁生产技术、环境治理技术、节能技术、新能源技术等。作为中国这样一个发展中的大国，绿色技术是发展绿色经济、进一步开展环境保护和生态建设的重要技术保证。1996 年制定的《中国跨世纪绿色工程规划》，确定我国的环境保护重点行业有：煤炭、石油、天然气、电力、冶金、有色金属、建材、化工、纺织及医药。这些行业污染物排放量占中国工业污染物排放量的 90% 以上。与此对应，中国发展绿色技术的主要内容是：能源技术、资源回收及利用技术、材料技术、生物技术、催化剂技术、分离技术。②

绿色新政。绿色新政是对环境友好型政策的统称。主要包括三方面的内容：一是绿色政府领导力；二是绿色政策框架；三是政府应在五大关键领域加大和引导投资。这 5 个领域包括：发展太阳能、风能、地热能、生物质能源等可再生能源；推广清洁能源车辆，发展高速列车、公共汽车等便捷公交系统；发展包括有机产品在内的可持续农业；对淡水、森林、土壤、珊瑚礁等地球生态基础设施进行投资；提高新旧建筑的能效。

绿色文化。绿色文化是绿色文明时代的精神产物。它的核心内容是对黑色文明时代人与自然关系的种种片面和错误理念的拨乱反正。从观念体系来看，它包括了绿色的哲学观、价值观、绿色的伦理道德等意识形态。同正式制度对于人们

---

① 金长宏：《对我国发展绿色投资的思考》，《科技和产业》2008 年第 7 期。
② 艾云祥：《绿色经济战略与绿色技术推广》，《中国食物与营养》2005 年第 8 期。

行为的强制性的、外在的约束相比，绿色文化不具有强制性，但它是一种内在的，也是更为稳定的软约束。

（二）绿色经济发展的主要趋势

1. 绿色经济的发展导向强调安全性和包容性

2012 年 6 月，联合国可持续发展大会在巴西里约热内卢举行，被称为"里约+20"峰会。"里约+20"峰会聚焦两个主题：一是可持续发展和消除贫困背景下的绿色经济，二是可持续发展的体制框架。大会形成了主要成果文件《我们希望的未来》（The Future We Want），反映了绿色经济发展的新趋势。《我们希望的未来》第 3 章集中阐述绿色经济议题，强调新绿色经济为可持续发展的工具之一，分析在可持续发展和消除贫困的背景下绿色经济发展的新趋势——安全性和包容性。安全性和包容性的新绿色经济是在"浅绿色经济"和"深绿色经济"基础上有所改进、有所创新、有所超越，在国际社会深入人心、广为接受。①

第一，以效率为主导的"浅绿色经济"。1989 年大卫·皮尔斯发表《绿色经济蓝皮书》提出了"绿色经济"的概念。此后一段时间，绿色经济流行起来。但是，那时绿色经济以效率为导向，强调要从自然资本粗放使用转向集约高效利用，只要经济增长能够抵消资源环境的损失就是可持续发展。这一阶段的绿色经济被称为"浅绿色经济"。"浅绿色经济"存在两大问题，一是认为末端治理可以纠正经济增长带来的环境破坏和生态危机；二是没有认识到自然资本的稀缺性和有限性。

第二，承认增长有限的"深绿色经济"。"深绿色经济"强调经济增长的物质规模受到生态环境容量和资源承载能力的刚性约束，关键是自然资本是不可替代的，因此无限制的经济增长是需要控制的。从追求物质资本的扩张转向追求人类幸福的发展。

第三，引入公平概念的"包容性绿色经济"。"深绿色经济"认为经济增长有极限边界，承认自然资本价值，但是没有考虑经济增长的伦理问题，无法解答相随而生的贫富差距，最终也没能解决生态危机。因此，新绿色经济在坚持生态安全的基础上，引入公平的伦理概念，强调绿色经济必须具有包容性，即世界各国必须公平合理地分享经济增长，此观点获得了国际社会的普遍认可。如"里

---

① 吴柏海：《绿色经济：林业发展新视野——论新绿色经济对生态和民生林业建设的理论支持和政策启示》，《林业经济》2012 年第 7 期。

约+20"峰会认为，应该在遵循生态界限的前提下，发展绿色经济要关注公平，保证地球上每个人特别是穷人具有公平享受自然资本的权利。但由于新绿色经济涉及利益分配和政治倾向的问题，各大阵营有很大不同。新兴经济体和发展中国家强烈支持公平观点，认为绿色经济首先是具有包容性的。发达国家特别是美国等消费主义国家则普遍抵制这一说法。①

2. 绿色经济的发展方式全球竞争性合作前景广阔

金融危机以来，人们开始怀疑和否定环境与发展大会设立以来所依赖的以金融、消费为主的非物质性、虚拟性的经济发展模式，纷纷加大对新能源、节能环保、新能源汽车、航天等研发和基础设施的投资，推进"再工业化"，试图以此促进经济复苏并在未来全球经济竞争中占据优势地位。在绿色产业的发展方面，发达国家与发展中国家同时加大其在实体经济中的比重，但二者关注的重点同中有异，国际社会围绕绿色产业发展的竞争性合作前景广阔。虽然发达国家和发展中国家均高度重视新能源和可再生能源、节能环保、先进制造等绿色产业发展，但受技术、资金、自然资源、人力资源条件以及可持续发展中的优先事项等因素影响，二者在未来一段时期的战略重点有所不同，国家之间的绿色产业发展不仅有竞争，也有互补和合作。如在能源问题上，欧美一些发达国家能源利用效率较高，其发展重点是开发新能源和可再生能源；中印等新兴经济体在节能提效方面潜力巨大，因而节能也是发展的重点领域之一。在应对全球气候变化、荒漠化等相关产业的发展中，国际合作空间广阔，竞争性合作将成为未来绿色产业发展的重要方向。

在支撑绿色经济发展的科技创新方面，各国的研发投入快速增加，国际合作研发将成为科技创新的重要形式。在技术研发的形式上，正在由单一主体向多主体合作研发、由单一国家向多国合作研发方向转变，国际化合作研发将成为未来绿色科技创新的重要形式之一。这种国际化研发将在南北之间、北北之间、南南之间同时加强。

3. 绿色经济的规则制定利益诉求多元化

国际社会虽然通过了《我们希望的未来》，但在绿色经济的制度规则制定方面分歧依然巨大。总的来看，鉴于南北两大阵营处于不同发展阶段，对可持续发

---

① 吴柏海：《绿色经济：林业发展新视野——论新绿色经济对生态和民生林业建设的理论支持和政策启示》，《林业经济》2012 年第 7 期。

展的核心诉求存在巨大差别，南北矛盾仍将是国际绿色经济制度规则制定中的主要矛盾。如发达国家已完成工业化、城镇化进程，又有着较强的绿色科技创新能力，面对金融危机以来的经济停滞、失业率高企等挑战，制定有约束力的绿色经济路线图、政策选项等是其重振经济、改善民生，并在未来全球竞争中继续占据优势地位的必然选择；发展中国家尚处于工业化、城镇化进程，消除贫困、加强社会建设仍是其当前及未来一定时期的优先任务，制定经济发展优先兼顾环境问题的绿色经济制度规则体系符合其根本利益。

第六章　循环经济理论

循环经济是对物质闭环流动型经济的简称。其本质是一种生态经济，即要求运用生态学的相关规律对人类社会的经济活动进行指导。循环经济基本特征为减量化、再使用和再循环，即 3R 原则。所谓减量化（Reduce），即达到既定的生产或消费目的仅需要较少的能源和原料，在经济活动的源头减少污染和节约资源，减量化是循环经济的第一法则。所谓再使用（Reuse），即尽量延长产品的使用周期，实现多次和反复使用。所谓再循环（Recycle），即产品完成其使用功能之后能够重新变成可以利用的资源。

一、循环经济思想的演变

循环经济思想的产生与生态经济、环境经济、资源经济和可持续发展经济几乎有着相同的思想渊源，宗旨都是为破解环境、资源对社会经济发展的瓶颈约束，其本质是实现人与自然的和谐共存。

（一）古代循环经济思想

1. 中国古代的循环经济思想

中国古人对人与自然关系的探求是走在世界前列的，早在两千多年前《周易》就有了"天人合一"的思想。其大意是说，天道曰阴阳，地道曰柔刚，人道曰仁义。天地人三者虽各有其道，但又是相互对应、相互联系的。这不仅是一种"同与应"的关系，而且是一种内在的生成关系和实现原则。天地之道是生成原则，人之道是实现原则，二者缺一不可。天人合一、人与自然的和谐相处的思想，其中具有代表性的是儒家"和"的思想。孔子提倡以仁待人，以仁待物。《中庸》说："致中和，天地位焉，万物育焉"。这里的"中"是天下一切道理和感情的根本，"和"是对待天下一切事物的普遍原则。它强调达到了中、和的境界，天地便各就其位而正常运行，万物便各得其所而繁荣生长。孔子把保护自然提到"孝"的道德行为高度，提出"树木以时伐焉，禽兽以时杀焉。断一木，杀一兽，不以其时，非孝也。"将滥伐幼树，捕杀未成年的禽兽等不合时宜的行为斥为不孝，这样的道德规范起到保护自然的作用。中国思想史上第一个明确提出"天人合一"的学者是宋代张载。他认为："儒者则因明至诚，因诚至明，故天人合一"。明代王阳明也说："风雨露雷日月星辰禽兽草木山川土石，与人原是一体"。宋儒程颐指出："仁者以天地万物为一体"。儒学认为天地是万物与人的养育者，天、地、人万物为一体，人法地。汉代董仲舒所提出"天人感应"之说，认为天、地、人所处的地位、作用虽不同，但三者是合而为一的。可见，天人合一和天人感应说的都是宇宙天体、自然界的运动规律与人体内的运动规律是一致的，人的意识和行为融入自然界之中就会有超然的力量；强调人类应当认识、尊重和保护自然，而非片面强调利用、征服甚至破坏自然。从儒家和谐思想到先秦诸子的"天人之辩"，再到董仲舒、张载的"天人合一"，最后到宋明理学的"万物一体"，人与自然的和谐统一理念始终贯穿中国古代思想史的全过程，深深影响着中国人的宇宙观和人生观。古人对环境、自然崇尚，周朝制定了"野禁"和"四时之禁"，即在限定的时间内不准砍伐山林树木、滥捕鸟兽和鱼类、割草烧灰，以利于动植物的繁荣生长。这些理念与主张都渗透着循环经济所提倡的保护自然和环境以及人与自然和谐相处的思想。①

2. 西方古典经济学家的循环经济思想

亚当·斯密（1776 年）、马尔萨斯（1789 年）、李嘉图（1817 年）和穆勒（1848 年）等西方一些古典经济学家也较早地在著作中提出人类的经济活动范围存在着生态边界这一思想。亚当·斯密在《国富论》中阐述，"构成一国真实财富与收入的，是一国劳动与土地的年产物的全部商品"，暗含着物质、资源数量等条件会绝对限制社会经济的发展。由此可见，如果当一国所获得的财富已达到其土壤、气候和位置所允许获得的限度时，经济发展就达到了停滞状态。在这种情况下，其劳动工资低落到仅足以维持现状，人口不再增长，资本达到饱和程度，各地的竞争激烈异常，边际利润几乎为零，国民财富和收入不再增长，即社

---

① 王晓冬：《循环经济思想渊源及演化探析》，《当代经济研究》2008 年第 11 期。

会经济将处于濒于自然极限的停滞状态。① 托马斯·罗伯特·马尔萨斯在《人口原理》一书中首次明确提出了土地资源有限性制约经济增长的问题，认为资源在数量上具有有限性和在经济上具有稀缺性，这两个性质不会因为技术进步和社会发展而改变。如果人类不认识到自然资源的有限性继续大量消耗自然资源，就会使自然资源与环境遭到破坏，从而导致人口数量灾难性地减少。大卫·李嘉图也曾认为：自然资源的相对稀缺来自自然有限的再生能力。约翰·斯图亚特·穆勒认为：资源绝对稀缺的效应会在自然资源的极限到来之前就表现出来。但是社会进步和技术革新不仅会拓展这一极限，而且还会无限推迟这一极限。②

（二）马克思的循环经济思想

"循环经济"虽说是一个新理念，但马克思可以说是该理念的理论先声，他的见解给予我们深刻启迪。《资本论》尤其是在论述"不变资本使用上的节约"问题时，马克思就明确提出过类似"循环经济"原则的观点和思想。他的循环经济思想主要表现在以下几个方面。

首先，马克思看到，伴随科学技术的发展，出现了大批新型生产工具。新型生产工具可以提高工业废物的利用率，以致变废为宝，减少资源的流失。马克思指出："机器的改良，使那些在原有形式上本来不能利用的物质，获得一种在新的生产中可以利用的形式。""废料的减少，部分地要取决于所使用的机器的质量。"马克思还列举了意大利和法国在磨谷技术上的差异说明这个问题：在当时的罗马，磨还很不完善，因此，不仅同单位量谷物的面粉产出低，而且磨粉费用相当大，客观上造成了极大的浪费。而在当时的巴黎，使用的磨是按照 30 年来获得显著进步的力学原理进行改造的，这很大程度上提升同等谷物面粉的产出率。马克思还提到了纺织业处理废丝的案例，即"人们使用经过改良的机器，能够把这种本来几乎毫无价值的材料，制成有多种用途的纺织品"。这在马克思看来，"在生产过程中究竟有多大一部分原料变为废料，这要取决于所使用的机器和工具的质量。而这一点是最为重要的。"众所周知，"物化"了的科学技术是生产工具。我们可以依靠科学技术手段来提高自然资源的使用率，从而达到节约自然资源，减少生产过程中的废物，减轻生产废物对生态环境污染的目的③。

---

① 汤在新：《近代西方经济学史》，上海人民出版社 1990 年版，第 149 页。
② 闫敏：《循环经济国际比较研究》，新华出版社 2006 年版，第 21—22 页。
③ 马艺纯：《马克思循环经济思想探析》，《科技创新与应用》2013 年第 4 期。

其次，应该使用科学的手段对工业生产的废弃物进行处理，以此来减少其对环境的污染。这种观念的提出与现代社会对于废弃物的观念（即尽量减少废弃物的排放）不谋而合。所谓的废弃物主要可以分为消费废弃物和生产废弃物两类，其中生产废弃物主要是指在工农业生产中所排放的废料。而消费废弃物有两个来源，一方面是指进行消费品消耗所产生的废弃物，另一方面是指在生活中人的新陈代谢的产物。如果这些废弃物直接排放到自然中，将会对生态环境造成极大的危害，所以说这些废弃物要利用科学的手段进行处理。马克思的思想观涉及利用先进的科学技术对那些废弃物进行处理，通过化学或者物理方法将废弃物进行性质上的转变，变废为宝。这一举措既能够减少环境污染，又能减少了生产成本，提高了生产效率。

最后，马克思在《资本论》中提到"所谓的废料，几乎在每一个产业中都起着重要作用"，这和我们现代生产工艺极为相符。随着科学技术的发展，生产中的废弃物可以通过现代物理化学技术变为生产原料，这是生产工艺手段改进和提高的标志。原有生产途径的改变使不可再回收利用的废弃物变为了工业生产的原料。这一方面减少了排放物对环境的污染，另一方面又减少了生产成本，不必再投入新的生产资料就可以产生新的效率。以上我们可以得知，马克思所提出的观点与现代社会的循环经济非常相符不谋而合。

（三）当代循环经济思想

1. 当代西方循环经济思想

我们可以在诸多与可持续发展密切相关的经济学著作之中找到当代西方学者对循环经济概念的理解和阐释。

（1）肯尼斯·波尔丁"宇宙飞船经济学"理论。将物质循环理念引入经济学的第一人是美国经济学家肯尼斯·波尔丁（Kenneth Boulding）。1966年，波尔丁在他的著名论文——《即将到来的宇宙飞船经济学》中描述了人类与自然环境的关系状态（即将自然环境视为一个无限的平面，并存在能够无限向外延伸的边界），这被他称为"牛仔经济"（也有译作"牧童经济"），以宇宙飞船比喻分析地球经济的发展，最先谈到了循环经济。他认为飞船是一个孤立无援和与世隔绝的独立系统，靠不断消耗自身资源而存在，最终将因资源耗尽而毁灭，而唯一能使飞船延长寿命的方法，就是实现飞船内资源的循环，最大限度地利用现有的资源，尽量少地排出废物。同理，尽管地球资源系统大得多，寿命也长得多，但是地球经济系统仍然如同一艘宇宙飞船，只有实现对资源的循环利用，发展循环经济，地球才能得以长存。同时，波尔丁分析认为，我们必须把逍遥自在的"牛仔经济学"替换为限制自由的"宇宙飞船经济学"。波尔丁的这种新经济思想在当时具有相当的超前性，它促发了随后几年开始的关于资源与环境的国际经济研究，产生了很大的影响。

（2）布朗的"生态经济"思想。从世界生态经济思想史来看，美国著名学者莱斯特·R.布朗的生态经济思想蕴藏着低碳经济的思想先声，他提出的能源经济革命论是低碳经济思想的早期探索。他在《生态经济》一书中阐述了对循环经济的看法：一是通过效仿大自然，经济发展模式应做必要的重新设计和调整。目前"以化石燃料为基础、以汽车为中心的用后即弃型经济，是不适合于世界的模式。取而代之的应该是太阳、氢能源经济"这种经济所生产的产品（清洁能源）不是在摇篮到坟墓的过程中运转，而是在摇篮到摇篮的生命循环中运转。二是反对铺张浪费，反对一次性消费。"东西耗损得越快，扔得越快，经济发展得也就越快"的观念造成了发达国家铺张浪费和过度消费。布朗认为消费应适度，并尽可能避免使用一次性物品，代之以可循环利用的绿色物品。三是在社会发展过程中，技术进步具有两面性。新技术的发展使得经济的非材料化，如目前发展中国家通话大部分是依靠移动电话，而移动电话依靠广为分散的高塔或卫星输送信号。因此，这些国家就不需要像过去工业化国家那样，建设几百万英里的铜线。但也正是由于技术的发展，导致人类对自然资源的过度开采和环境的迅速恶化。

（3）艾瑞克·戴维森对循环经济的认识。艾瑞克·戴维森（Eric A. Davidson）在《生态经济大未来》中的循环经济思想主要体现在四个方面：

第一，产品所采用的"内建式（built-in）回收设计"，能够彻底解决垃圾问题。"内建式回收设计"（即由制造商亲自来设计生产可回收的产品）的做法不仅可以节省垃圾填埋的空间，也可以降低污染物渗入水体的几率。第二，垃圾是包括工农业和消费行为所产生的所有废弃物的总称。垃圾一旦被我们丢弃，可能会逐渐渗透、扩散并消失在环境里。第三，政府应创造经济诱因（如通过税收政策来惩罚或奖励市场行为者的破坏或保护资源环境的行为）。第四，有"科技动力学定律"体现在垃圾问题上。一方面，目前普遍采用"事后补救回收方式"对垃圾的处理并不能彻底解决问题，反而会衍生出其他新的问题；另一方面，尽管科技发展有助于解决全球性垃圾问题，但要同时找出既能养活众多人口又能清除垃圾的科技方案则日益艰难。

（4）巴里·康芒纳的"控制等同于失控"思想。巴里·康芒纳（Barr Commoner）是美国著名的环境科学家，他的主要著作为《封闭的循环：自然、人和技术》。在他的书中对循环经济的认识主要体现在以下两个方面。第一，保留产生污染物的活动但加控制装置，把产生的污染物管理起来或销毁掉，使之不进入环境中。第二，从源头开始预防污染并通过采取多种措施来促进资源的循环利用。这些措施包括：经济系统（如工业生产系统、农业生产系统、公共交通系统等）的重新设计；公众积极参与的引导与鼓励、环境民主力量的充分发挥；发挥积极作用的政府采购；康芒纳认为，可以用两类方法降低污染物对环境造成的负面影响：一类是通过改变产生污染物的活动来杜绝其产生；另一类是由于控制污染物的结果最终必然是污染物失去控制，因此预防胜于控制。

（5）霍肯"商业生态学"理论。《商业生态学：可持续发展的宣言》是保罗·霍肯1993年出版的关于企业与环保的著作。该书1998年被美国67所商学院教授评选为商业和环境学教材的第一名。其中关于循环经济的思想主要表现在四个方面。

第一，应建立健康商业，使之与可持续发展的要求相适应。企业不应该只是一个制造和出售物品的系统，其最终目的不是也不应该只为赚钱。通过服务富有创造性的发明和运用高尚的道德伦理来为人类普遍造福是它的使命。第二，循环经济发展模式中居于首要位置的是"系统设计"。设计或者重新设计生产体系是我们应对目前困境的合乎逻辑的方法。通过设计或者重新设计生产体系，使得危险和无用的废物不会产生。第三，生产过程末端治理模式存在着严重弊端。霍肯认为，我们可以依靠精心的整理、技术和足够的陆地填埋场把我们所处的环境"打扫干净"，停止向环境释放污染物。这一策略常常被称为"管尾"打扫。第四，实现可持续发展的有效途径是循环经济。霍肯的循环经济思想主要体现在他的对"商业的生态学模式"的研究，即任何废物对于别的生产方式都存在价值，因此一切都可以回收、重新利用和循环再生。

2. 当代中国循环经济理论

自20世纪90年代末，循环经济概念被引进中国以来，国内学者对循环经济的研究异常活跃，对循环经济各方面进行了多维度的深入研究。从目前来看，对循环经济的认识大体可分为以下几种观点。

第一，循环经济"发展模式论"。持循环经济"发展模式论"观点的学者认为：循环经济是物质闭环流动型经济（Closing Materials Circular Economy）的简称，是指在人、自然资源和科学技术的大系统内，在资源投入、企业生产、产品消费及其废弃的全过程中，把传统的依赖资源消耗的线形增长的经济，转变为依靠生态型资源循环来发展的经济。冯之浚在《循环经济是一个大战略》一文中指出，就人类与环境的关系而言，人类社会在经济发展过程中经历了不同层次的三种模式：一是传统经济模式，即人类一边从自然中获取资源一边又任意向环境排放废弃物，是一种"资源—产品—污染排放"的单向线性开放式经济过程，这一过程最终导致环境和资源危机日益突出；二是生产过程末端治理模式（"先污染、后治理"模式），即人类已经开始注意环境问题，在生产过程的末端治理污染。其结果不但是治理成本过高，而且生态恶化难以扭转，经济效益、社会效益和环境效益都难以统一；三是循环经济模式，即用生态学规律来指导人类的实践活动，合理利用自然资源，在物质不断循环利用的基础上发展经济，实现经济活动的生态化，是一个"资源—产品—再生资源"的闭环反馈式循环过程。[①] 诸大建按照美国著名生态经济学家哈丁的说法，在《可持续发展呼唤循环经济》一文中提出，传统工业社会是一种由"自然资源—产品和用品—废弃物排放"单通道组成的"牧童经济"，犹如一个可以由牧羊人肆意放牧的草场。这种"牧童经济"造成了人口膨胀、资源衰竭和环境退化三大危机。与此截然不同的是，循环经济要求把经济活动组织成为反馈式流程（自然资源—产品和用品—再生资源）。在这个不断进行的经济循环中，所有的原料和能源都能得到最合理的利用，从而使经济活动对自然环境的影响控制在尽可能小的程度内。他还强调，循环经济是20世纪90年代以来，可持续发展战略成为世界潮流，管段预防替代末端治理成为国家环境与发展政策的真正主流，零敲碎打的废弃物回收利用和减量化的做法才整合成为一套系统的以避免废弃物产生为特征的循环经济战略。[②] 此外，李汝雄认为循环经济是这样的经济，其所需资源的来源，大部分是可循环的或可再生的，产品经使用后，可以通过回收、再生等方法，只有少量的废弃。

第二，循环经济"资源综合利用论"。"循环经济"一词在中国最初由刘庆山在《开发利用再生资源　缓解自然资源短缺》一文中首次使用。他从资源再生角度提出废弃物的资源化利用，其本质是自然资源的循环经济利用。[③] 2002年，冯良在《关于推进循环经济的几点思考》一文中认为，循环经济是指通过废弃物或废旧物资的循环再生利用发展经济，目标是使生产和消费中投入的自然资源最少，向环境中排放的废弃物最少，对环境的危害或破坏最小，即实现低投入、高效率、低排放的经济发展，其核心是废旧物资回收和资源综合利用。[④] 同

---

①　冯之浚等：《循环经济是一个大战略》，《光明日报》2003年9月22日。

②　诸大建：《可持续发展呼唤循环经济》，《科技导报》1998年第9期。

③　刘庆山：《开发利用再生资源，缓解自然资源短缺》，《再生资源研究》1994年第10期。

④　冯良：《关于推进循环经济的几点思考》，《节能与环保》2002年第9期。

年，周宏春主持完成的国务院发展研究中心调研报告第 104 号《循环经济：一个值得重视的发展趋势》，主要也是从资源综合利用角度界定循环经济的。

第三，循环经济"经济形态论"。齐建国认为，循环经济是在生态环境成为经济增长制约要素、良好的生态环境成为一种公共财富阶段的一种新的技术经济范式，是建立在人类生存条件和福利平等基础上的以全体社会成员生活福利最大化为目标的一种新的经济形态。"资源消费—产品—再生资源"的闭环型物质流动模式仅是其技术经济范式的表征，其本质是对人类生产关系的调整，其目标是追求可持续发展。[1] 段宁也认为，循环经济是以人类可持续发展为增长目的、以循环利用的资源和环境为物质基础，充分满足人类物质财富需求，生产者、消费者和分解者高效协调的经济形态。[2]

第四，循环经济"发展阶段论"。中国最早研究循环经济的著作，是吴季松 2003 年出版的《循环经济》一书。吴季松认为，经济发展分为五个阶段：第一阶段是原始经济，大约始自 5 万年前，即原始人类狩猎捕鱼的初始时期；第二阶段是农业经济，大约始于公元前 4000 年，指经济的农耕阶段；第三阶段是工业经济时期，始自 18 世纪下半叶的工业革命，即以现代大工业生产为主的包括现代纺织、轻工、钢铁、汽车和建筑等主要产业的经济时期；第四阶段是循环经济，也称为后工业经济，始自 20 世纪下半叶的新技术革命，以资源循环利用为导向改造传统产业，由此涌现出一批如电子、信息和环保等不以资源消耗线性增加为其发展前提的新兴产业；第五阶段是知识经济时期，始自 20 世纪末，涌现出一批主要依靠知识投入的产业，如生物、新材料、新能源、软件、海洋和空间产业。而循环经济就是在人、自然资源和科学技术的大系统内，在资源投入、企业生产、产品消费及废弃的全过程中，不断提高资源利用效率，把传统的、依赖资源净消耗线性增加的发展，转变为依靠生态型资源循环来发展的经济。[3]

中国循环经济理论研究目前呈现"漂移状态"，面临"破碎困境"，作为一门学科尚未形成真正的理论体系。当前，学术界对其研究具有以下特点：从资源环境的角度看，推动全球经济转型的最大阻力在于不同经济行为主体在"利用废物"和"制造废物"之间的选择不一致；循环经济理论关注的永恒主题是资源效用，实现资源效用的最大化和最优配置是循环经济理论研究必须坚持的准

---

① 齐建国：《关于循环经济理论与政策的思考》，《新视野》2004 年第 10 期。

② 段宁：《物质代谢与循环经济》，《循环经济和生态工业简讯》2004 年第 3 期。

③ 吴季松：《循环经济》，北京出版社 2003 年版。

则；以技术创新和制度设计驱动经济发展是模式转型的基本战略；中国推动和深化循环经济实践的基本路径是"233145"模式；以生态效率为核心的测度方法仍存在一些不足之处。

尽管我国对于循环经济理论研究已有几十年历史，但仍然存在研究盲点和误区，今后需加强以下几方面的研究：废物资源化的形成机制研究，同类产品频繁交易产生的资源浪费问题及治理研究，生产过剩与过度消费产生的资源浪费问题及治理研究，资源效用的度量标准、数学表达及其制度设计研究，物质效率的定量计算研究等。[1]

（四）循环经济理论——从 3R 到 5R 的认识

1. 3R 到 5R 理论的由来过程

20 世纪 80 年代，美国杜邦公司总结出清洁生产的 3R 理论，经联合国环境规划署工业发展局推广，在发达国家中广泛应用。2005 年 3 月在阿拉伯联合酋长国举办的世界"思想者论坛"，有 28 位学者参加，其中有 10 位诺贝尔奖获得者及其合作者。他们提出了从 3R 向 5R 转变的国际循环经济理念新规范，标志着新循环经济学阶段的到来。人类至此对循环经济理论的研究步入全新的阶段。

2. 循环经济的 3R 理论

循环经济早期的 3R 理论提出了"减量化、再利用、再循环"的原则。减量化（reduce）原则要求对既定的生产目标和消费要以尽量少的能源和原料来完成。这样会大幅度地改善环境污染问题，因为这是从源头上降低能源和资源的消耗。再利用（reuse）原则要求反复使用包装物和生产的产品。生产者设计和生产产品时，应该最大限度地使产品经久耐用和反复使用，而不是一次性使用。再循环（recycle）原则要求可以重新利用完成使用功能后的产品，使其再成为一种可以再利用的资源，树立废物变为原料的理念。

3. 循环经济从 3R 理论到 5R 理论的提升

在循环经济发展进程中，减量化、再利用、再循环原则得到了大力推广，在很多国家都取得了良好效果。随着时代发展，循环经济理论也在不断更新，在各

---

[1]　陆学、陈兴鹏：《循环经济理论研究综述》，《中国人口、资源与环境》2014 年第 5 期。

国实践的检验中不断发展完善。最新规范的循环经济理念体现在原则的变化上，新增了再思考和再修复理论，从原来的 3R 原则变成了 5R 原则。再思考（rethink）理论要求生产的目的在于保护被破坏的社会财富、创造社会新财富以及维系生态系统。充分挖掘资源节约的潜力，实现资源合理的、最大限度的利用。再修复（repair）理论认为自然生态系统是第二财富，是社会财富的基础。创造财富也可以通过保护自然与修复被破坏的生态系统来实现。5R 原则是在原有的 3R 原则基础上进行拓展的，这是循环经济理论随着实践的发展不断完善的结果。原有的 3R 原则侧重于约束人们在实施循环经济过程中的规范问题，而现在的 5R 原则主要从理论角度审视循环经济的深远意义。

二、循环经济的含义及其特征

（一）循环经济概念的界定

在中国，循环经济较早由刘庆山在 1994 年使用。他从资源再生的角度提出废弃物资的资源化，其本质是自然资源的循环经济利用。[①] 1997 年闵毅梅将德国1996 年生效的法律翻译成中文时使用了循环经济。[②] 1998 年，同济大学诸大建教授在《社会科学》、《科技导报》、《上海经济东向》等刊物上连续发表文章，介绍循环经济的有关内容。在由时任水利部水资源司司长吴季松撰写的《循环经济：全面建设小康社会的必由之路》对循环经济的定义是：循环经济就是在人、自然资源和科学技术的大系统内，在资源投入、企业生产、产品消费及其废弃的全过程中，不断提高资源利用效率，把传统的、依赖资源净消耗线性增加的发展，转变为依靠生态型资源循环来发展的经济。[③]

目前，学术界对于循环经济概念尚未形成统一的认识，归纳起来大概从资源综合利用、环境保护、技术范式、经济形态等角度对其作了多种界定（见表6—1），也有学者从广义和狭义两个角度对循环经济的含义进行区分。尽管界定角度存在差异，但其本质上都是探讨如何解决社会经济发展与人口、资源、环境之间冲突矛盾和延长原料、产品使用周期的途径。

---

① 刘庆山：《开发利用再生资源，缓解自然短缺》，《再生资源研究》1994 年第 10 期。
② 闵毅梅：《德国的循环经济法》，《环境导报》1997 年第 3 期。
③ 吴季松：《循环经济：全面建设小康社会的必由之路》，北京出版社 2003 年版。

表6—1　学术界对于循环经济概念的归纳

界定角度	循环经济概念
从资源综合利用的角度界定	循环经济是一种以高效利用和循环利用资源为核心，以废物的减量化、再利用和资源化为原则，以"两低一高"（低消耗、低排放、高效率）为特征，符合科学发展观的要求，是对传统单向线性开放式经济过程的根本变革。
从环境保护的角度界定	循环经济是对物质闭环流动型经济的简称，以能量、物质梯次和闭路循环使用为特征，在环境方面表现为降低污染物的排放，甚至零排放污染物。循环经济本质上是一种生态经济，遵循的是生态学规律，将资源综合利用、清洁生产、生态设计和可持续消费等融为一体。
从技术范式的角度界定	循环经济是一次生产过程的技术范式革命，主张清洁生产和环境保护，倡导的是一种与自然和谐共存的经济发展模式，使生产过程的技术范式从传统的"资源消费—产品—废物排放"单程型物质流动模式转向"资源消费—产品—再生资源"闭环型物质流动模式，最终实现低消耗、低排放、高效率。
从经济形态的角度界定	所谓循环经济就是一种新的技术经济范式，按照自然生态系统物质循环和能量转换的规律重构经济系统，通过资源的循环利用，使资源利用效率最大化和废弃物排放最小化以及资源消耗最低化，将经济系统和谐地纳入自然生态系统的物质循环过程，从而实现全体社会成员生活福利最大化的经济模式。

　　循环经济是一种新的经济形态和经济发展模式。循环经济的含义有狭义与广义之分。

　　1. 狭义的循环经济含义

　　狭义的循环经济属于"废物经济""垃圾经济"范畴，是指通过社会生产和再生产活动（废物的再利用、再循环等）来驱动经济的发展。诸大建指出，循环经济是针对工业化运动以来高消耗、高排放的线性经济而言的……是一种善待地球的经济发展模式。它要求把经济活动组织成为"自然资源—产品和用品—再生资源"的闭环式流程，使所有的原料和能源能在不断进行的经济循环中得到合理利用，从而把经济活动对自然环境的影响控制在尽可能小的程度。[1] 任勇认为，循环经济是对社会生产和再生产活动中的资源流动方式实施"减量化、再利用、再循环和无害化"管理调控的、具有较高生态效率的新的经济发展模式。[2] 毛如柏认为，循环经济是与传统经济活动的"资源消费—产品—废物排放"的开放（或单程）物质流动模式相对应的"资源消费—产品—再生资源"闭环型物质流动模式。[3]（如图6—1）马凯认为，循环经济是一种以资源的高效

---

[1]　诸大建：《从可持续发展到循环型经济》，《世界环境》2000年第3期。
[2]　任勇等：《我国循环经济的发展模式》，《中国人口资源与环境》2005年第5期。
[3]　毛如柏：《关于循环经济理论与政策的几点思考》，《光明日报》2003年11月3日。

利用和循环利用为核心，以"减量化、再利用、资源化"为原则，以低消耗、低排放、高效率为基本特征，符合可持续发展理念的经济增长模式，是对"大量生产、大量消费、大量废弃"的传统增长模式的根本变革。[1] 段宁认为，循环经济是对物质闭环流动型经济的简称。[2] 解振华认为，循环经济是在生态环境成为经济增长制约要素、良好的生态环境成为公共财富阶段的一种新的技术经济范式，是建立在人类生存条件和福利平等基础上的以全体社会成员生活福利最大化为目标的一种新的经济形态，其本质是对人类生产关系进行调整。[3]

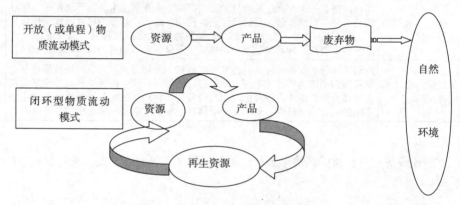

图6—1　开放型与闭环型物质流动模式

2. 广义的循环经济含义

广义的循环经济是指包括资源节约和综合利用、废旧物资回收利用、环境保护等产业形态在内的围绕资源高效利用和可持续发展进行的社会生产和再生产活动。冯之浚认为，发展循环经济是一次深刻的范式革命，这种全新的范式与生产过程末端治理模式有本质区别：从强调人力生产率提高转向重视自然资本，强调提高资源生产率，实现"财富翻一番，资源使用少一半"，即所谓"四倍跃进"。[4] 张录强、张连国把循环经济作为一个由经济系统、社会系统、自然系统复合构成的社会—经济—自然的复杂的系统进行研究，指出这个系统不是纯粹自发地演化出来的，而是在把握自然生态系统、经济循环系统和社会系统的自组织规律后，人为建构起来的人工生态系统。广义的循环经济学就是要研究这个人工

---

① 马凯：《贯彻落实科学发展观推进循环经济发展》，《人民日报》2004年10月19日。

② 段宁：《物质代谢与循环经济》，《中国环境科学》2005年第5期。

③ 解振华：《坚持求真务实树立科学发展观推进循环经济发展》，《光明日报》2004年6月23日。

④ 冯之浚：《论循环经济》，《中国软科学》2004年第10期。

生态系统的自组织规律和物质、能量、信息循环规律的综合的知识体系。① 马世骏认为，可持续发展问题的实质是以人为主体的生命与其栖息劳作环境、物质生产环境及社会文化环境间的协调发展。② 范跃进、吴宗杰、李建民认为，循环经济追求三个系统（经济系统、社会系统和生态环境系统）之间达到理想的组合状态。③ 吴季松认为，循环经济是在人、自然资源和科学技术的大系统内，在资源投入、企业生产、产品消费及其废弃的全过程中不断提高资源利用效率，把传统的、依靠资源消耗增加发展转变为依靠生态型资源循环发展的经济。④

（二）循环经济的特征

循环经济作为一种新型的经济发展模式，与传统经济模式有很大的区别。

1. 系统综合性

循环是指在一定系统内的往复运动的过程。循环经济的系统是由人、自然资源和科学技术等要素构成的大系统，其研究对象本身就是综合的。循环经济观就是要求人在考虑生产和消费时将自己置身于这个庞大的综合系统（包括环境系统、资源系统、生态系统和经济系统）中来研究符合客观规律的经济原则。广义的经济系统不仅包括生产、交换、分配、消费等各种环节和许多产业部门，而且包括结构复杂的技术系统等。同时，由于循环经济涉及人、社会和自然的相互关系、相互作用的各个方面，因此循环经济系统还不能孤立地脱离社会主流意识形态等因素加以考察。

当前，循环经济学作为一门综合性和交叉性的学科，应把发展战略研究、基础理论研究和应用技术研究融为一体。在发展战略研究中，它以各种类型的经济系统为基础，把环境、资源与生态结合在一起；在基础理论研究中，将生态学与资源环境经济学相结合，遵循系统论、控制论、信息论等原理；在应用研究中，它将清洁生产、废物的综合利用结合起来，进行更深层次的研究。

2. 发展战略性

循环经济学所研究的经济、技术、社会和生态问题，具有全局性和长远性这

① 张连国：《广义循环经济学的科学范式》，人民出版社 2007 年版。
② 马世骏：《社会—经济—自然复合生态系统》，《生态学报》1984 年第 1 期。
③ 吴绍忠：《循环经济是经济发展的新增长点》，《社会科学》1998 年第 10 期。
④ 吴季松：《循环经济》，北京出版社 2005 年版。

一战略特征。如习近平总书记提出的"不简单以 GDP 增长率论英雄"的本质是科学发展观，是强调以人为本的发展，全面协调发展和可持续发展的经济思想。而循环经济学与国家发展战略相符，主要研究如何解决生产扩张与资源消耗、生产规模与环境恶化的矛盾的。这一矛盾的长期存在必将损害经济长期稳定发展和社会持续进步的基础。循环经济是在着眼于长远利益的基础上，把当代人的利益和子孙后代利益结合起来，重视探索一条新时期"天人合一"之路。

3. 物质循环性

循环经济的主要特征是物质循环流动，这也是循环经济模式主要区别于传统经济模式的主要方面。传统经济是以满足人类的物质需求为着眼点的粗放型经济，其活动目标往往是追求高增长、高产量，主要体现为高投入、低产出和高污染的简单以 GDP 增长率论英雄的增长。物质流动是从资源—产品—废物—自然环境。实际上，传统经济是一种以牺牲资源环境为代价换取 GDP 增长的经济，不平衡、不协调、不可持续问题突出，从而导致许多自然资源的短缺或枯竭。

循环经济是一种绿色型经济，是按照自然生态系统物质循环流动的客观规律组织生产活动的经济模式。在循环经济中，依靠物质、能源在不断进行的经济活动中得到梯次利用或最合理的使用，整个经济系统达到废物的低排放或者零排放，从而降低平均资源和能源利用率，这一循环过程对环境的负面影响小。总之，循环经济是有质量、有效益、有效率的可持续增长经济，可以缓和长期以来资源环境和发展之间的矛盾。当然，在此提到的物质循环性并不仅指经济系统的物质循环。因为生态经济学的创始人包括尼古拉斯·乔治斯库—罗根、肯尼斯·博尔丁、罗伯特·埃尔斯以及赫尔曼·戴利等人，已经通过证明表明，经济系统封闭的物质循环不仅难以实现而且也不符合自然规律。因此在此意义上的物质循环，体现了经济系统对生态系统的依赖关系，是在广义的生态系统上的物质循环。①

三、循环经济的理论基础

（一）循环经济的自然科学理论基础

循环经济的自然科学理论基础一直是学者们关注的重点研究领域，以下介绍

---

① 李新英：《循环经济理论与实践初探》，《新疆师范大学学报》（哲社版）2004 年第 3 期。

几种主要的观点。

1. 五大科学理论基础的观点

这五大科学理论主要包括热力学第一定律、热力学第二定律、耗散结构理论、信息理论和质能关系理论。热力学第一定律描述了过程状态变化所遵循的物质和能量守恒，说明循环经济所倡导的物质、能源在不断进行的经济活动中得到梯次利用或最合理的利用是可行的；热力学第二定律描述过程变化方向所遵循的规律，即封闭系统总是自发地朝着使系统熵增加的方向发展，说明在循环利用过程中，物质和能量的品位会下降；普里高津（Prigogine）的耗散结构理论说明，必须要引入负熵流，系统才能维持有序和发展。说明物质品位一旦提升，就有被重新利用的可能，另外，在适当的条件耗散结构的涨落效应可以使线性经济系统转变成结构和功能更为有序的循环经济系统；信息理论创始人申农（Claude Shannon）把信息量（用信息熵来表示和计量）定义为两次不确定性之差，信息量就是不确定性的减少量，即负熵。循环经济的建立和发展需要内部信息充分交流，可以通过建立现代生态园区，对物流、人流、信息流进行最佳集成优化，这都可以归纳为对信息负熵加以利用；爱因斯坦的质能关系将质量与能量有机结合起来，物质可以看作是高密度的能量，在人类的可控核聚变技术最终成熟以前，太阳内部的核聚变能量是循环经济系统赖以存在的负熵流的主要来源，这就揭示了负熵流最终源泉的本质。[①]

2. 整体论、系统论、自组织理论和协同理论基础的观点

循环经济的理论是整体论、系统论、自组织理论和协同理论。[②] 整体论最初是由英国的 J.C.斯穆茨（1870—1950）在其《整体论与进化》（1926）一书中提出的，其基本思想是"整体的性质多于各部分性质的总和，并有新性质出现"，即整体具有其组成部分在孤立状态中所没有的新特征、功能和行为，整体规模越大，结构越复杂，它所具有的超过个体性能之和的性能就越多。例如一块大石头要5个人才能推动，那5个人分开来推是推不动的，这种情况下整体就大于个体之和。整体论的方法论是：分析整体时若将其视作部分的总和，或将整体化约为分离的元素，将难免疏漏，因此在分析问题和解决问题时，不应该仅仅重视各个单元的作用，还应该着眼于整体效应。系统论是由美籍奥地利人、理论生物学家

---

① 金涌：《资源·能源·环境·社会循环经济科学工程原理》，化学工业出版社2009年版。

② 冯之浚：《循环经济导论》，人民出版社2004年版。

L.V.贝塔朗菲创立的。系统是由若干要素以一定结构形式联结构成的具有某种功能的有机整体。在这个定义中包括了系统、要素、结构、功能四个概念，表明了要素与要素、要素与系统、系统与环境三方面的关系。运用系统论的方法来研究循环经济问题时就必须进行系统的分析，梳理系统的整体观念。自组织理论是20世纪 60 年代末期开始建立并发展起来的一种系统理论，主要是 L.VonBertalanfy 的一段系统论的新发展。它研究客观世界中自组织现象的产生、演化等的理论，其重要观点是：充分开放是系统自组织演化的前提条件，非线性相互作用是自组织系统演化的内在动力，涨落成为系统自组织演化的原初诱因，循环是系统自组织演化的组织形式，相变和分叉体现了系统自组织演化方式的多样性，混沌和分形揭示了从简单到复杂的系统自组织演化的图景。协同理论是（Synergetics）亦称"协同学"或"协和学"，是 20 世纪 70 年代以来在多学科研究基础上逐渐形成和发展起来的一门新兴学科，是系统科学的重要分支理论，是关于"合作的科学"。协同理论研究各种完全不同的系统在远离平衡时通过子系统之间的协同合作，从无序态转变为有序态的共同规律。按照冯之浚教授的观点，人们在发展循环经济时，不仅要注重系统的规划和设计，而且还要研究系统组织的内部运行规律，为循环经济实践活动提供借鉴意义。

3. 系统论和生态学基础的观点

吴季松教授在《循环经济》一书中认为，循环经济的理论基础就是以系统论和生态学这两门新兴学科的理念重新审视传统经济学。① 关于系统论前面已述，不再重复。生态学是研究生物与环境关系的一门科学，生物群落及其与环境不断进行物质循环和能量交换构成生态系统，在生态系统中，通过食物链实现能量流动、物质循环和信息传递进行资源循环。自然界中充满了各种形式的资源循环，仅列举数例说明。第一是水循环，水循环是自然循环中的一个最重要的循环，是生态系统中一切活动的基础。第二是气体循环，自然界中的碳、氧、氮的循环，都是采用气体循环的形式。第三是沉淀循环，像钙、钾、钠、镁、磷等元素的循环主要属于沉淀循环。生态系统的运行规律可以表述为：整体协同的动态平衡、相生相克的互不依存、生生不息的循环演进、自我调节的再生能力。

4. 物质代谢规律理论基础的观点

关于循环经济的物质代谢规律的理论基础的核心内容表述为物质代谢与经济

---

① 吴季松：《循环经济》，北京出版社 2005 年版。

增长之间的四个基本的科学规律：第一是"赶不上定理"，即经济增长过程中物质消耗所贡献的人均福利不受损害的充分条件是，物质强度下降的速度赶不上人均经济总量上升的速度。第二是"上升多峰原理"，即在人类发展历史上，总的趋势是人均经济总量不断上升，人均物质代谢规模永远随其上升而上升，尽管在这一过程中两者不同程度的相对的或绝对的脱钩会反复发生。第三是"物质减项定理"即停止使用不可循环利用的不可再生物质是人类实现可持续发展的必要条件。第四是"完全循环定理"，即人类使用的物质是完全循环的，这是人类达到可持续发展的充分必要条件。①

（二）循环经济的经济理论基础

循环经济既不可能脱离经济学的基本框架，又不可能拘泥于传统经济学的基本范式，而是试图借助经济学的方式来解决经济运动过程中传统经济学没有和不可能解决的一些经济和非经济问题。循环经济理论的研究最关键的是在很多方面突破了主流经济学的框架，是一个关于经济发展模式变革和经济理论创新的经济问题。

1. 突破了现代经济学理性"经济人"假设

理性"经济人"是最主流经济学基本的假设，即个人在一定约束条件下实现自己的效用最大化。理性"经济人"是以个体主义为核心，按照自身利益最大化原则，做出的行为决策，基本不予考虑对社会利益及自然资源耗费、环境污染、生态破坏等负外部性问题，更少顾及子孙后代的利益。而循环经济要求"经济人"在经济活动中必须考虑正负外部性的问题，保证社会科学发展，同时又提出了当代人的发展不能以损害后代人的发展能力为代价来实现自己的经济利益最大化。在资源稀缺的认识上，理性"经济人"从个人本位的角度，只考虑个体的短期的利益最大化，追求同一代人当前的社会利益。社会整体的长远的利益非"经济人"所关心的问题，理性"经济人"对自然资源消耗以及环境污染和生态破坏等问题均不予考虑。

2. 突破了"效用最大化"或"利润最大化"理论

市场主体的经济行为都以明智的方式追求这一目标。个人追求的目标就是效用最大化（在个人可支配资源的约束条件下，使个人需要和愿望得到最大限度

---

① 段宁：《循环经济的自然科学基础理论》，《科技日报》2005年4月25日。

的满足），企业追求的目标是利润的最大化。而两者最大化内涵主要是效益、收益或利润等经济内容，几乎没有涉及对环境影响等相关内容。循环经济主张整个经济系统达到废物的低排放或者零排放，从而降低平均资源和能源利用率，对环境的负面影响达到最小。而"产出"除了包括"效用"中的经济内容外，还包括（并且更加关注）传统经济学认为的非经济内容，比如生态文明、环境保护、自然和谐等。

3. 突破了"产权"理论

传统经济学对产权认识存在着缺陷。科斯定理表明：只要财产权是明确的，并且交易成本为零或者很小，那么，无论在开始时将财产权赋予谁，市场均衡的最终结果都是有效率的，实现资源配置的帕累托最优。即使按科斯产权交易逻辑来使外部性内部化能在一定程度上达到帕累托效果，但若考虑到后代人的权利，这种产权安排也未必是可取的。资源、环境代际产权、国际产权的分配特性在某种程度上与科斯定理是相悖的。而循环经济的主体通常是存在利益差别的不确定个体所组成的群体，这种群体的产权具有抽象性，再加上循环经济主体目标的多元性——不完全以经济利益最大化为目标，要符合主流经济学所要求的明晰经济主体的产权几乎是不可能的。①

由于追求利益最大化是市场经济的唯一目标，而循环经济并不是只追求利益，而是一种建立在可持续发展基础上的经济，因此市场经济与循环经济二者产生矛盾是不可避免的。

（三）循环经济的哲学基础

循环经济是一种文化模式，不但与中国传统哲学中"有机的自然主义"的理念相吻合，还更加深刻地蕴含了现代哲学中辩证唯物主义思想，它所体现的资源、环境、社会和道德等哲学观点，对于我国发展战略的重大转型以及生态文明建设具有重要现实意义。

1. 资源辩证观

马克思在《资本论》中说："劳动和土地，是财富两个原始的形成要素。"恩格斯的定义是："其实，劳动和自然界在一起它才是一切财富的源泉，自然界

---

① 卢黎霞、李富田：《循环经济的学科基础》，《生态经济》2008 年第 11 期。

为劳动提供材料，劳动把材料转变为财富。"马克思、恩格斯的定义，既指出了自然资源的客观存在，又把人（包括劳动力和技术）的因素视为财富的另一不可或缺的来源。资源既包括一切人类需要的自然物，也包括以人类劳动产品形式出现的一切有用物，还包括无形的资财，以及人类本身的体力和智力。由于社会财富的创造不仅源于自然界，还源于人类社会，因此资源既包括物质的又包括非物质的要素。在人类社会的发展进程中，伴随着人类实践能力的进步，越来越多的自然物质逐渐被开发和利用，其种类日益增多，范畴也越加扩大。因此，资源既是历史的范畴，又是社会的产物，它的内涵与外延随技术经济的提高而不断扩展、深化。

资源辩证观表现在资源的有限性和无限性，资源的有用性和有害性，资源的质量和数量等方面。资源的物质性具有有限性，但人类认识、利用资源的潜在能力却是无限的，因此要用发展的眼光来看待资源。资源的有用性和有害性要求人类最大限度地开发资源的有用性，最大限度地预防和转变资源的有害性。资源的质和量问题告诫人们，在资源开发和利用的过程中要综合考虑资源禀赋的相对性绝对性问题。资源的辩证观突出了科技进步的重要性，人类对资源的认识范畴及利用限度是随着科技进步而逐步扩展和加深的。资源的有限性和人们对资源需求的无限性矛盾，是人类社会经济发展中，也是经济学上一个重要的话题。循环经济的主旨是解决人与自然和谐共存的问题。其直接处理对象是人类如何开发资源，而又不破坏资源或有益于环境，达到社会发展、经济发展和环境保护三者兼得的境地。因此，循环经济的一个最重要的主张，是对资源的"减量化"和"再使用"及"再循环"，这是对资源有限性的认识。同时，人的潜能是无限的，要充分发挥人的主观能动性，使资源的使用维持在可再生的范围内，才能实现资源的永续利用。我国虽然是一个自然资源丰富的国家，但由于人口基数大所产生的"分母效应"，使得人均资源数大大低于世界平均水平。加上粗放经营，资源开采浪费流失严重，资源利用率低下，出现了资源"空心化"现象，从而又强化了资源的稀缺性。所以，我国是一个受人口和资源约束性很强的国家，受到经济发展与环境保护的双重压力。为此，必须转变经济增长方式，由粗放式经营转变为集约式经营。遵循"高效、集约"的原则和保护资源的方针，坚持资源开发和节约并重，在保护中开发，在开发中保护，克服各种资源浪费现象，综合利用资源，加强污染治理。可以说，没有资源的合理永续利用，就无法做到人与自然的和谐相处，只有做好了这一点，才是功在当代，利在千秋。①

---

① 袁铭：《循环经济与社会发展的哲学思考》，大连海事大学硕士学位论文，2007 年。

2. 环境价值观

人类社会发展的历史就是人类认识、利用、改造和适应自然环境，与自然环境相互作用的过程。在不同的历史发展阶段，人类的环境价值观经历了自然拜物主义宗教自然观、人类利益中心主义价值观、生态利益中心主义价值观等几种不同的观念形态。毫无疑问，可持续发展观是人类当代环境价值观的选择。（见图6—2）

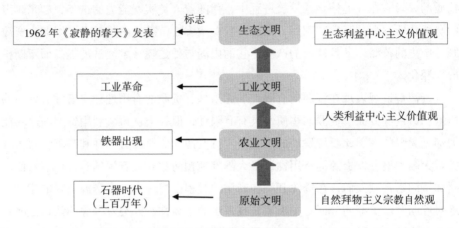

图6—2 人类文明演进的标志

工业文明对自然的征服与统治达到了登峰造极的地步。在扭转、改变甚至革除人类利益中心主义价值观，正确认识与评价自然及其自然环境方面，美国哲学家霍尔姆斯·罗尔斯顿在《哲学走向荒野》一书中做了开创性的工作。他认为：自然应受到关注，人为了实现与自然的和谐，除了实施一定的经济、法律、技术手段以外，还必须同时诉诸伦理信念，他倡导人与自然之间建立一种新型伦理情谊关系。他认为大自然具有以下诸多方面的价值。它们分别是生命支撑价值、经济价值、消遣价值、科学价值、审美价值、使基因多样化价值、历史价值、文化象征的价值、塑造性格的价值、辩证的价值、生命价值、宗教价值，而且这些价值并不是人们通常认为的仅仅是工具性的价值，而是一种内在价值。这种内在价值是客观存在的，不能还原为人的主观偏好。自然先于人类而存在，它的价值是客观存在的，不以人类的主观喜好而转移，人类承认不承认它，它都是一种客观存在物。自然界不仅产生自然事物也产生文化，自然界的价值是多样性的，它是通过进化产生的，价值本身也是宝贵的，人类不能创造价值，而是发现、转换和利用价值。① 环境价值观应包含以下两层含义："一是环境具有价值，人类通过

① ［美］霍尔姆斯·罗尔斯顿：《哲学走向荒野》，中译本，吉林人民出版社2001年版，第67页。

劳动可以提高其价值，也可以降低其价值。从哲学的高度理解，价值的界定应该以客体对主体的效应为理论依据，它是主体与客体在相互作用过程中客体对主体的实践效应。环境资源的价值就是从客体—环境资源对主体—人类的实践效应来界定的。这就把环境资源价值观建立在实践观的基础之上。也只有这样，我们才能正确解释随着社会经济的发展，人们提出的环境资源价值问题。二是发展活动所创造的经济价值必须与其所造成的社会价值和环境价值相统一。传统的价值观把三者孤立起来，片面追求经济价值而忽略了其所造成的社会价值与环境价值，从而使人类陶醉于其所创造的经济繁荣昌盛的假象之中，而忽视了假象背后的负社会效益与环境质量的恶化。因此，新的价值观强调把经济价值、社会价值和环境价值统一起来，正确评价开发生产活动的真正的效益。"

3. 环境道德观

环境道德观包括自然道德观和社会道德观，首先要树立起正确的自然道德观，即把保护环境、尊重自然、维护持续生存作为人类道德准则，把保护人类世世代代生存以及不危及其他物种生境作为人类社会的一项基本道德。不能再把自然界看作人类随意盘剥和利用的对象，而应该看作人类生命的源泉。人类必须学会尊重自然、保护自然，把自己当作自然界的一员，与之和谐相处。但是，我们也不能片面强调保护自然，应该把对自然单纯的索取与对自然的"给予"保持一种动态平衡，既要满足人类发展的需求，又要尊重自然的"生存发展权"，符合自然演化的规律。通过改变人类的生活方式与消费模式做到人与自然的和谐相处，协调发展，协同演化。其次倡导合理的社会道德观。人与人的关系主要有两种：一是同时代人与人的关系；二是不同时代人与人的关系。因此，合理的社会道德观也应包含同时代人与人合理的行为规范及代际人们合理的行为规范，表现在现代应包含代内公平及代际公平问题。当代不管是发达国家抑或是发展中国家，甚至是落后国家，不管是富人还是穷人，他们都共同居住于拥挤的地球上，有共同享用地球资源的权利，但是，地球上的强国或富人总是想凭借先发展起来或先富裕起来的优势，更多地利用地球资源，这对尚未摆脱贫困的国家和地区是一种现实的不公平，人们在这个原有的不平等的基础上，还在制造新的不公正。一些发达国家往往实行过高的环境标准，实行"环境殖民主义"。其实，贸易中过早、过严的环境标准很可能成为发达国家欺压发展中国家冠冕堂皇的武器，从而制造新的不平等。而代际公平往往是我们更容易忽视的现象。地球只有一个，与地球漫长的演化历程相比，人类出现在地球上的时间还极短暂，人类不能因为其目前过度的资源开采与环境利用方式而剥夺了后代人栖居于地球的权利，地球既属于当代人，也同时属于后代人。由于同后代人相比，当代人在资源开发利用方面处于优势地位，因而可持续发展要求当代人在考虑自己需求和消费的同时，也要对未来后代人的需求和消费负起责任，在代际之间树立起公正、公平和平等的意识，以对后代高度负责的态度来建设好地球，为后代留下一个完整的家园。

4. 生态文明观

迄今，人类经历了原始文明（上百万年）、农业文明（一万年）和工业文明（三百年）。以人统治自然为指导思想，以人类中心主义为价值取向是这些传统文明的一个突出特征，其实质是"反自然"的。实际上，从文明定义来看，其先天带有"反自然"（认识自然和改造自然）的性质。人类正是在对自然的反抗中，催发了自己的主体意识，改造了自己的主体意志，发达了自己的主体智慧，推动着物质的繁华、精神的丰富和社会的进步。然而，这些并不平衡的发展（人类的物质繁华与精神的蜕化）正在阻碍历史的进步。著名历史学家阿·汤因比在《历史研究》一书中以"人类与大地母亲"为主线通过考察得出结论："生物圈包裹着地球这颗行星的表面，人类是与生物圈身心相关的居民，从这个意义上讲，他是大地母亲的孩子们——诸多生命物种中的一员。但是，人类还具有思想，这样，他便在神秘的体验中同'精神实在'发生着交往，并且与非此世界具有的'精神实在'是同一的"。然而，迄今的文明特别是近二百多年的工业文明以来，人类凭借技术的进步"极大地增加了人类的财富和力量，人类作恶的物质力量与对付这种力量的精神能力之间的'道德鸿沟'，像神话中敞开着的地狱之门那样不断地扩大着裂痕。在过去的 5000 年间，这种巨大的'道德鸿沟'，使人类为其自身种下了极为惨重的灾难。"①

工业文明之后的文明就是避免重蹈历史覆辙，开启人类文明的新风，这就是生态文明，其发端于 1962 年《寂静的春天》发表。"生态文明是人类社会文明的一种形式。它以人地关系和谐为主旨，以可持续发展为依据，在生产生活过程中注重维系自然生态系统的和谐，保持人与自然的和谐，追求自然—生态—经济—社会系统的关系和谐。"生态文明既是物质文明、精神文明基础上的全方位的一种社会文明，又是继农业文明和工业文明之后的高级社会新阶段的社会文明，生态文明是一个社会经济发展的过程。中华文明曾是农业文明的领跑者，是

---

① ［英］汤因比：《历史研究》（三卷本），中译本，上海人民出版社 1986 年版，第 37—62 页。

工业文明的迟到者和追赶者，如今在科学发展观指引下，要做生态文明的身体力行者。当前，中国的生态文明已经发展到新阶段，建设生态文明已成为全面建设小康社会的新要求，成为构建社会主义和谐社会的重要内容，成为实现中华民族伟大复兴的重要举措。

第七章　"脱钩"发展理论

　　"脱钩"最初是物理学领域的专业名词，原意指经过时间的推移，原来具有依赖关系的两者不再存在依赖关系，后被引入环境资源等研究领域。主要用来分析物质消耗与经济增长的关系。通过大量研究可发现，在一国或一地区的发展初期，随着经济的增长，物质消耗的总量也同比增长，甚至增长得更高；但发展到某一特定阶段后，物质消耗与经济增长不再同步，开始出现下降的趋势，呈现倒U形，这就是"脱钩"理论。

一、"脱钩"含义及其缘起

（一）"脱钩"理论的缘起

　　西方国家的工业化建设一方面带来的是经济的快速增长，但另一方面却是物质能源的巨大耗费，以及生态环境的严重破坏。这引起了西方研究人员的注意，开始大量研究物质消耗与经济增长的关系，并先后提出"脱钩"理论。

　　"脱钩"对应的英文单词是 Decoupling，英文中"decoupling"一词是缘于"coupling"提出的，"coupling"中文是"耦合"的意思，指两个不同的个体或体系，因密切的相关性，在运动发展中互相干预、互相牵制的现象。① 而"脱钩"的定义最早出现在物理学中，指"退耦"或"解耦"，用来描述两个变量之间的脱离关系。1996 年，国外学者 Cater.A.P.②首次将物理学领域中的"脱钩"

---

① 王全良：《我国经济增长与能源消费脱钩研究》，《大众商务》2009 年第 7 期。
② Cater A.P.The Economice of Technological Change.Scientific American，1996：25−31.

（decoupling）理论运用到社会经济学领域，率先提出经济发展与资源环境"脱钩"问题，即经济发展最初对资源环境存在明显的依赖关系，经济的发展直接或间接导致了对资源环境的破坏，当人们意识到环境破坏时，开始寻求一种全新的保护环境的循环经济模式，经过一段时间的努力后，经济发展与危害环境再也不如影随形了，产生了"脱钩"现象。随后，经济合作与发展组织（OCED）将"脱钩"理论引入农业政策的分析研究中。1978年农业部长会议的公报就农业长期发展目标提出了近似"脱钩"的思想，该理论开始引起国内外学者的重视。现在，"脱钩"理论更是被广泛应用资源消耗、能源与环境的各个领域中。

（二）"脱钩"的含义及分类

1. 西方学者对"脱钩"描述

近30年来，西方包括Carter、Malenbaum、Weiszacker和U.Ayres在内的十几位科学家分别从不同角度对"脱钩"概念进行了描述、研究，得出了比较一致的研究结论：人类经济发展对物质的依赖程度逐渐降低，物质消耗与财富增长的相互关系进入一个相对的良性循环轨道，经济发达国家已经局部实现了"脱钩"。西方国家七八十年代出现的物质消耗与经济增长状况也确实验证了这一结论。[①]

1993年，在脱钩理论的影响下，Schmidt-Bleek提出"十倍数"（即将资源生产效率提高十倍）革命，并认为只有这样才能维持人类生存环境的现状；1995年，以Weiszacker为代表的"罗马俱乐部"又提出"四倍数"全球资源革命目标，即利用技术进步减少一半的资源使用量，同时使社会福祉提高一倍，最终在保证经济增长和环境质量不差于现在的基础上，将资源生产效率提高四倍。无论是"十倍数革命"还是"四倍数革命"，都是以资源减量使用从而实现资源消耗与经济增长的脱钩为目标的。并且1996年的OCED环境部长会议及1997年联合国"可持续发展策略"纲要中都接受了"四倍数"概念，同时，芬兰和奥地利政府针对此问题开展专题研究，瑞典、荷兰和德国等国也把"四倍数革命"作为政府计划进行推广实施。

总之，脱钩理论的形成与发展，使人们相信未来物质消耗最终会降低，环境污染压力会降低，也能够顺利实现四倍数和十倍数的革命目标，物质资源保障的

---

① 段宁、邓华：《"上升式多峰论"与循环经济》，《世界有色金属》2004年第10期。

走势也将比较乐观，并且脱钩理论对循环经济发展也产生了深刻的影响，"脱钩"理论的"物质减量化使用"在循环经济中所遵循的"减量、再用、循环"基本原则中是占首位的。由此可见，"脱钩"理论也是循环经济的重要组成部分。

2. 世界经济合作与发展组织（OECD）对"脱钩"的定义

从目前国内外的研究来看，世界经济合作与发展组织（OECD）提出的"脱钩"定义被学术界普遍接受，OECD 把"脱钩"（Decoupling）定义为经济增长与环境冲击耦合关系的破裂①，即在经济发展过程中用更少的物质消耗带来更多的社会财富。我们所说的"脱钩"的过程一般表现为一种倒 U 形的曲线关系，它冲破了环境库兹涅茨曲线（EKC）假说中我们通常认为的经济增长一般会带来更多的资源消耗和更大的环境压力的现象，而是经过长期的努力，利用有效政策和新技术改变了经济发展对环境的影响，达到以较少的资源消耗和较低的环境压力带来更有效的经济增长目标。脱钩研究思路在环境领域的应用较为广泛，其脱钩指标设计是基于驱动力—压力—状态—影响—反应框架（DPSIR），主要反映前两者的关系也就是驱动力（例如 GDP 增长）与压力（例如环境污染）在同一时期的增长弹性变化情况。②

但是，一般来说，绝对脱钩状态相对较少，其发生的前提条件是资源的生产效率超过经济的增长率。③

（三）"脱钩"的测度方法④

脱钩的测度方法主要包括 OECD 脱钩指数法、Tapio 弹性分析法、IPAT 模型法等。其中，脱钩指数法和弹性分析法对数据要求较少，在实践中得到了广泛应用。

---

① 赵兴国、潘玉君、赵庆由等：《科学发展视角下区域经济增长与资源环境压力的脱钩分析——以云南省为例》，《经济地理》2011 年第 7 期。
② 彭佳雯、黄贤金、钟太洋、赵云泰：《中国经济增长与能源碳排放的研究脱钩》，《材料科学》2011 年第 4 期。
③ 李斌：《我国经济发展与能源、环境、资源的关系——基于脱钩理论的分析》，《中国经贸导刊》2012 年第 27 期。
④ 李从欣、张再生、李国柱：《中国经济增长和环境污染脱钩关系的实证检验》，《统计与决策》2012 年第 19 期。

1. OCED 脱钩模型

OCED 脱钩模型是以物资消耗强度为基础的分析方法，计算公式为：

$$脱钩指数 = \frac{(EP/DF)_{t_1}}{(EP/DF)_{t_0}} \tag{1}$$

其中，EP—环境压力，可用废物排放量或资源消耗量表示；

DF—经济驱动力，可用 GDP 表示；

t_0—指标基准期；t_1—报告期。

该指标虽应用广泛，但对基期的选择敏感性较强，选择不同的基期年，结果也将截然不同；并且由于该指标测度是单位 GDP 环境负荷年下降率，在判定脱钩程度和类型时会存在一定的误差。

$$脱钩因子 = 1 - 脱钩指数 \tag{2}$$

其中，脱钩因子 $\in (-\infty, 1]$，当脱钩因子 $\in (-\infty, 0]$ 时，属于非脱钩状态；当脱钩因子子 $\in (0, 1]$ 时，说明处于脱钩状态。

脱钩又可以进一步分为绝对脱钩和相对脱钩（参见图 7—1）。绝对脱钩是指在经济驱动力增加时，环境压力减少或不变，即指在经济发展的同时与之相关的环境变量保持稳定或下降的现象，但一般来说，这种状态相对出现较少；相对脱钩指经济驱动力与环境压力的变量值同时增加，但经济驱动力变量值的变化率大于环境压力变量值的变化率，又称弱脱钩。

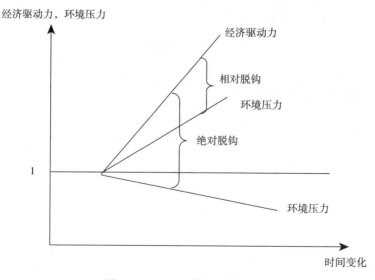

图 7—1 OCED 模型脱钩状态

除了相对脱钩还衍生了未脱钩、初级脱钩、次级脱钩和双重脱钩等概念。未脱钩指资源总量消耗的增长率大于或等于经济总量的增长率；初级脱钩是用来衡量自然资源消耗与经济增长的变化关系；而次级脱钩是用来描述资源利用与环境污染之间变化关系的，同时达到初级与次级脱钩时即为双重脱钩。

建立脱钩指标的目的在于描述一个国家或地区经济驱动因子和环境压力变量关系的状态，衡量一个国家环境经济政策的有效性，并作为政府制定政策的依据。OECD 在设计脱钩指标时便明确了建立原则：第一，必须有一定程度的政策相关性，能够以简单的方式显示出经济发展与环境压力的变化趋势，能够提供国际比较基础，必须建立一个目标值和阈值。第二，必须具备一定的理论基础，既有国际标准和国际共识，又能够与经济模型预测模型和咨询系统相连接。第三，指标设计资料的获取要低成本且高质量，更新速度快①。

2. Tapio 脱钩模型

芬兰学者 Tapio② 在研究 1970—2001 年间欧洲经济发展与碳排放的关系时，引入"交通运输量"作为中间变量，并把"弹性"的概念引进脱钩指标计算中，从而将 GDP 与碳排放的脱钩关系分解成了两个弹性指标的乘积，如下公式所示：

$$e_{(CO_2, GDP)} = \left(\frac{\Delta V}{V} \middle/ \frac{\Delta GDP}{GDP} \right) \times \left(\frac{\Delta CO_2}{CO_2} \middle/ \frac{\Delta V}{V} \right) \tag{3}$$

其中 $e_{(CO_2, GDP)}$ 为碳排放和经济增长的脱钩指标，前半部分为碳排放和交通运输量的脱钩指标，后半部分为交通运输量和经济增长的脱钩指标。③

Tapio 根据脱钩指标的正负情况，将碳排放和经济增长的关系分为连接、脱钩和负脱钩三种情况（如表7—1所示）；再以弹性值 0、0.8、1.2 为临界值进一步细分：强脱钩、弱脱钩衰退性脱钩；扩张连接和衰退连接。与 OCED 脱钩模型相比，对环境压力与经济驱动指标的关系进行了更加细致的分类和定位。

① 支全明：《基于脱钩理论的碳减排分析》，中共中央党校硕士学位论文，2012 年。
② Tapio P.Towards a Theory of Decoupling：Degrees of Decoupling in the EU and the Case of Road Traffic in Finland between 1970 and 2001.Journal of Transport Policy，2005（12）：137-151.
③ 支全明：《基于脱钩理论的碳减排分析》，中共中央党校硕士学位论文，2012 年。

表7—1 碳排放与经济增长脱钩关系与评价标准①

类　型	状　态	判定标准		
		$c=y\Delta CO_2/CO_2$	$y=\Delta GDP/GDP$	$E\,(c,\,y)\,=c/y$
脱　钩	绝对脱钩	$c\leqslant0$	$y>0$	$E\leqslant0$
	相对脱钩	$c>0$	$y>0$	$0<e<0.8$
	衰退脱钩	$c<0$	$y<0$	$E\geqslant1.2$
负脱钩	扩张负脱钩	$c>0$	$y>0$	$E\geqslant1.2$
	强负脱钩	$c\geqslant0$	$y<0$	$E\leqslant0$
	弱负脱钩	$c<0$	$y<0$	$0<E<0.8$
连　接	扩张连接	$c>0$	$y>0$	$0.8<E<1.2$
	衰退连接	$c<0$	$y<0$	$0.8<E<1.2$

二、国内外对"脱钩理论"的研究

（一）国外对"脱钩理论"的研究进展

"脱钩"理论由西方发达国家的学者率先研究。迄今，关于它的研究主要集中在四个方面：脱钩理论（减物质化）的内涵、物质资源消耗与污染物排放的环境库兹涅茨曲线、"脱钩"的评价模式、"脱钩"的影响因素。

1. 对脱钩理论（减物质化）内涵的研究

20世纪七八十年代，西方发达国家的工业体系逐渐完备，科学技术不断进步，经济快速增长，但同时经济增长与物质消耗相背离的现象大量出现，引起了广泛的关注。一些学者开始研究工业化以来经济增长与物质消耗关系，通过分析提出了"脱钩"理论，并对其内涵进行了探讨。Colombo，U.（1988）认为减物质化是经济发展的一个必然结果，表现为物质消费不断趋于静态稳定；Lbays，W.C.和Waddell，L.M.（1989）认为减物质化是指随着工业的发展相关的低质量物质材料被高质量的物质材料所取代的过程；Herman，R.（1989）等认为减物

---

① 周五七：《基于脱钩理论的中国工业低碳转型进程评估》，《石家庄经济学院学报》2013年第3期。

质化是最终产品物质质量随时间而逐渐减少以及单位最终产品污染物排放量的减少；Bernardinidini，O.和Galli，R.（1993）认为减物质化是经济活动中，原材料消耗强度的降低，其衡量指标是物质消耗量同GDP的比值。Wernick，I.（1995）等认为减物质化是一种功能经济，是服务于经济发展的物质量绝对或者相对减少。至20世纪末，经济合作与发展组织（OCED）将"脱钩"理论首次运用到研究农业政策之中，并逐步拓展到环境等领域。2001年对"脱钩"进行了明确的定义：在某一时期，当环境压力的增长比经济驱动因素的增长慢时，就是环境退化与经济增长的脱钩。[①]

2. 对污染物排放、物质资源消耗的环境库兹涅茨曲线（EKC）研究

自环境库兹涅茨曲线（EKC）提出以来，许多西方学者用它验证探索研究资源、环境压力与经济增长之间是否存在"脱钩"关系，1991年Grossman和Krueger研究发现SO_2、微尘和悬浮颗粒物三种污染物排放量指标与收入的关系呈倒U形关系，之后Arrow基于1995年Kuznets界定的人均收入与收入不均等之间的倒U形曲线提出了环境压力与经济增长的EKC假说；Malenbaum，W.等对1951—1975年间，世界范围内12种金属的消耗强度进行分析，研究发现各种金属的消耗与经济增长之间呈倒U形，二者逐步实现"脱钩"；在上述研究的基础上，部分学者对经济增长与资源、环境之间的倒U形曲线关系进行了定性的理论解释：Jean、David和Markus等认为，在经济起飞阶段，为了追求工业快速发展，工业结构不断提升，必然会导致严重的生态环境问题，而当工业水平到达一定水平，产业结构开始调整为低污染高产出特征的服务业时，生产对资源环境的压力就会随之降低，因此环境破坏和经济发展就会呈现倒U形曲线系；Selden和Song等认为，科技进步提高了能源和资源的有效利用率，在相同的产出下，资源自身的损耗和带来的污染都将减少；Antle和Heidebink等把环境质量看作商品，发现随着收入水平的提高，人们会自发产生对"优美环境"的需求，从而主动积极地采取有效措施来保护环境，降低环境的整体压力。[②]

3. 对"脱钩"评价模式的研究

对"脱钩"评价模式的研究，西方学者主要从物质消耗或污染物排放总量

① 李珀松：《基于能源脱钩理论的城市发展规划战略环境评价研究》，南开大学博士学位论文，2010年。
② 李珀松：《基于能源脱钩理论的城市发展规划战略环境评价研究》，南开大学博士学位论文，2010年。

与经济增长的关系以及物质消耗或污染物排放强度与经济增长的关系两个方面进行研究。Janicke，M.（1997）等学者研究了以比利时、联邦德国（原西德）为代表的西方发达国家中物质消耗与经济增长的关系，通过对 1970—1985 年钢铁、水泥等重要的工业原材料消耗指标与 GDP 增长的数据分析，发现这些国家的工业化已经基本完成，物质消耗与经济增长逐步"脱钩"。此外 Larson，E.D. 和 Williams，R.H.（1986）等对美国的物质消耗状况进行了研究，分析了纸张、乙烯、水泥、钢铁等原材料的消耗强度，发现美国已经实现了物质消耗与经济增长的绝对"绝对脱钩"，"物质消耗时代"已经过去。[1]

4. 对"脱钩"影响因素的研究

随着对有关"脱钩"与减物质化内涵不断深入的研究，部分西方学者开始逐渐关注影响经济增长与物质消耗关系的一些内外在因素。Otavio Mielnik 和 Jose Goldemberg 基于 20 个发展中国家的能源经济数据，对代表外国直接投资水平的 FDI 指标、国内投资水平 GDI 指标与能源强度指标分别进行了相关性分析，结果表明 FDI 指标的增长有助于能源强度下降，主要原因是外资所带来的先进生产技术促进了工业能源利用效率提升[2]。Francisco Climent 和 Angel Pardo 在研究西班牙能源消费总量与经济增长的协整性与因果关系时发现，CIP、就业率及原油价格是驱动能源消费"脱钩"的重要因素[3]。

（二）国内对"脱钩"理论的研究与运用

我国关于"脱钩"理论的研究与西方发达国家相比起步较晚，相关研究成果较少。国内社会、经济及能源等相关领域专家学者从 2000 年开始才相继对相关理论与实践进行研究，主要集中在经济增长与物质能源消耗或污染物排放总量关系、循环经济、土地资源及农业等领域，取得了不少显著的成果。

1. 对经济增长与物质能源消耗或污染物排放总量关系的研究

赵一平等基于"脱钩"与"复钩"的思想提出了中国经济发展与能源消费

---

① 李珀松：《基于能源脱钩理论的城市发展规划战略环境评价研究》，南开大学博士学位论文，2010 年。

② Frnaciseo Climent，Angel Prado.DecouPling factors on tlle energy—outPut linkgae：The SPanish case.Enegry Policy，2007，35：52 2-528.

③ Otavio Mielnik，Jose Goldembegr.Foreign direct investment and decoupling between enegry and gross domestic Product in developing countries.Energy Policy，2002，30：87-89.

相对"脱钩"与"复钩"的概念模型，并且在对我国经济发展与能源消费响应关系实证分析得出了"我国目前能源消费与经济发展相应关系是弱脱钩"[1]；张新伟等基于 Lasperyes 指数的完全分解模型对我国 1980—2004 年能源消费的减物质化过程进行了实证分析[2]；于法稳利用"脱钩"理论对山东省菏泽市 2000—2006 年工业产值与工业用水量的关系进行实证研究，得出了"菏泽市的工业产值与工业用水量实现了相对脱钩"的结论[3]；王全良从经济发展与能源消费的关系角度进行研究，应用脱钩理论、能源强度指标、能源消费弹性系数以及万元 GDP 能耗指标等指标体系，验证中国经济发展与能源消费存在脱钩关系，并针对形成脱钩的主要因素进行分析[4]；王崇梅在"脱钩"理论评价模式的基础上，基于"脱钩"指数对中国 1990—2007 年经济增长与能源消耗"脱钩"的状况进行了分析[5]；彭佳雯等通过构建经济与能源碳排放脱钩分析模型，探讨中国经济增长与能源碳排放的脱钩关系及程度，分析二者脱钩发展的时间和空间演变趋势[6]；欧阳文喜等在总结近年来能耗与经济增长相关研究的基础上，对 IPAT 脱钩指数进行了理论阐述，选取 2001—2012 年中国能耗与经济增长的脱钩指数作为研究对象进行动态分析，随后根据 2011 年各省的脱钩指数对中国 29 个省份进行区域性分析，再基于 IPAT 脱钩指数评价"十二五"能耗目标，研究结果表明 2001—2012 年我国能源消耗与经济增长主要处于相对脱钩状态[7]。

　　除了上述的研究，还有一部分学者则从资源环境消耗强度与经济增长的关联角度进行了探讨。刘凤朝等利用能源消费强度变化分解模型对 1985—2003 年的中国统计数据分析后认为：中国能源消费强度随着 GDP 增长而不断下降，能源

①　赵一平、孙启宏、段宁：《中国经济发展与能源消费响应关系研究——基于相对"脱钩"与"复钩"理论的实证研究》，《利研管理》2006 年第 3 期。

②　张新伟、吴巧生、成金华：《中国能源消耗减物质化分析》，《中国地质大学学报》（社会科学版）2007 年第 2 期。

③　于法稳：《经济发展与资源环境之间脱钩关系的实证研究》，《内蒙古财经学院学报》2009 年第 29—34 页。

④　王全良：《我国经济增长与能源消费脱钩研究》，《大众商务》2009 年第 7 期。

⑤　王崇梅：《基于中国样本探析经济增长与能源消耗脱钩》，《山东工商学院学报》2009 年第 6 期。

⑥　彭佳雯、黄贤金、钟太洋、赵雲泰：《中国经济增长与能源碳排放的脱钩研究》，《资源科学》2009 年第 6 期。

⑦　欧阳文喜、谢德永、张天昊：《中国能源消耗与经济增长——基于 IPAT 脱钩指数的脱钩分析》，《中南财经政法大学研究生学报》2013 年第 1 期。

强度下降是各产业能源效率和结构调整合力作用的结果①；赵兴国等以云南省为例，对其 1998—2008 年经济增长与资源环境压力的脱钩程度进行定量分析，结果显示：①从经济增长的资源环境压力的强度及变化特点来看，云南省区域经济增长的资源环境压力总体较大且处于不断上升趋势，但资源环境压力的上升速度低于经济增长的速度，其速度比为 0.3∶1。②从经济增长与资源环境压力的脱钩状态及变化趋势来看，云南省区域经济增长与资源环境压力呈现由绝对脱钩→相对脱钩Ⅱ→相对脱钩Ⅲ→相对脱钩Ⅰ→相对脱钩Ⅲ的演变轨迹，其变化呈近似倒 U 形曲线，符合区域科学发展的目标②。李从欣等基于 Tapio 脱钩指标探讨了经济增长与三种污染排放指标的脱钩关系及程度，分析了二者脱钩发展的时间和空间演变趋势，研究结果表明：全国层面上，2001—2010 年污染排放量脱钩呈强脱钩—弱脱钩—强脱钩趋势；地区层面上，2006—2010 年绝大部分省份表现为强脱钩状态，少数省份表现为弱脱钩状态③。

在节能减排领域，周跃志、吕光辉、秦燕通过在单位 GDP 能耗、水耗以及转移投入和 GDP 之间建立脱钩指标，分析了天山北坡经济带绿洲生态经济脱钩情况④。台湾学者李坚明等构建了台湾可持续发展指标，回顾了 1990—2007 年可持续能源发展绩效，并通过实证研究发现，一是台湾能源发展已朝向可持续性，其中以环境保护方面绩效最佳，而能源安全与经济竞争力仍需改善，二是整体指标架构的状态与响应指标耦合度相当高，唯压力指标则呈现脱钩现象⑤。

2. 对碳排放和经济增长的脱钩分析

查建平等利用相对"脱钩""复钩"的理论与测度模型，对 2000—2009 年中国工业经济增长与能源消费和碳排放的脱钩关系进行研究⑥。吴振信、石佳通

① 刘凤朝、潘雄锋、徐国泉：《基于结构份额与效率份额的中国能源消费强度研究》，《资源科学》2007 年第 4 期。

② 赵兴国等：《科学发展视角下区域经济增长与资源环境压力的脱钩分析——以云南省为例》，《经济地理》2011 年第 7 期。

③ 李从欣、张举钢、李国柱：《中国环境污染影响各项因素分解及其实证分析》，《国际会议》2012 年。

④ 周跃志、吕光辉、秦燕：《天山北坡经济带绿洲生态经济脱钩分析》，《生态经济》2007 年第 9 期。

⑤ 李坚明、周春樱等：《台湾可持续能源发展指标构建与耦合性分析》，《太原理工大学学报》2010 年第 5 期。

⑥ 查建平、唐方方、傅浩：《中国能源消费、碳排放与工业经济增长——一个脱钩理论视角的实证分析》，《当代经济科学》2011 年第 6 期。

过构建经济增长与碳排放脱钩状态的 Tapio 分析模型，研究了北京地区 1999—2008 年经济增长与碳排放的脱钩关系。分析结果表明：北京地区 2001 年和 2002 年呈现经济增长和碳排放的强脱钩，2004 年为扩张性耦合，其他各段时间都属于弱脱钩状态[1]。吴文洁、王小妮以陕西 1995—2009 年人均二氧化碳排放量与人均 GDP 为研究对象，利用 EKC 理论和脱钩理论对二者之间的关系进行了长期演变预测和短期变动趋势分析。结果表明，1995—2009 年陕西碳排放与经济增长长期之间并不符合 EKC 理论的倒 U 形假说，反而呈现出 N 形关系[2]。

3. 在土地资源及农业领域的运用

冯艳芬、王芳运用总量比较法的脱钩评价模式，对经济增长与耕地消耗关系总量的脱钩指标及脱钩率进行了设计，并计算出 1996—2002 年广州市经济增长与耕地消耗总量的脱钩关系[3]。徐卫涛、张俊飚等运用脱钩理论分析粮食生产与化肥施用量之间的关系，得出二者之间的关系处于耦合状态，粮食声场对话费的依赖程度很高，化肥施用量逐年上升[4]；杨璐嘉、李建强等分别从总量脱钩评价和消耗强度脱钩评价两个方面对四川省的建设占用耕地与经济发展进行了分析，得出四川省在 1999—2008 年间，二者的关系从脱钩状态转向耦合状态，分析表明，在经济发展过程中，提高建设用地效率对于实现脱钩有重要作用，有效控制建设用地总量是实现脱钩的重要手段[5]。张勇等基于环境领域的脱钩理论，运用 OECD 提出的脱钩指数计算模型，参考 Tapio 等划分的脱钩状态类型，构建脱钩模型，计算脱钩弹性系数；研究结果表明研究期内安徽省建设占用耕地与经济发展的脱钩关系曲线呈 W 形变化；脱钩状态经历了波动调整期—过渡平稳期—波动调整期动态变化过程[6]。

---

[1] 吴振信、石佳：《北京地区经济增长与碳排放脱钩状态实证研究》，《数学的实践与认识》2013 年第 2 期。

[2] 张晶：《经济发展怎么和资源利用"脱钩"——从另一个视角审视中国资源问题》，《科技日报》2013 年 9 月 22 日。

[3] 冯艳芬、王芳：《基于脱钩理论的广州市耕地消耗与经济增长总量评估》，《国土与自然资源研究》2010 年第 1 期。

[4] 徐卫涛、张俊飚等：《我国循环农业中化肥施用与粮食生产的脱钩研究》，《农业现代化研究》2010 年第 2 期。

[5] 杨璐嘉、李建强等：《四川省建设占用耕地与经济发展的脱钩分析》，《国土与自然资源研究》2011 年。

[6] 张勇、汪应宏等：《安徽省建设占用耕地与经济发展的脱钩分析》，《中国土地科学》2013 年第 5 期。

三、经济发展与环境资源压力的"脱钩"问题

(一)经济发展与环境资源的现状

经济的增长需要资源、能源和环境容量来支撑,但是高耗能、高排放的生产方式必然会导致资源的枯竭和环境的破坏,从而破坏经济可持续发展的基本生态支撑力。有这样一组值得关注的数据,1970年,中国物质消费总量为17亿吨,约占当年世界总量的7%。到2008年,中国物质消费量达到226亿吨,占世界总量的32%,成为迄今世界上最大的原材料消费国,几乎是排名第二的美国的4倍[①]。这表明,在将近40年的时间里,虽然中国资源利用率总体不断上升,能源效率速度提升高于全球平均水平3.2%,但依旧没有缓解经济发展中所承受资源与环境的压力。近年来,中国年均GDP增长9%以上,同时资源强度的以4%—5%的速度下降,也就是说中国资源消耗的速度依然保持4%—5%的增速,而发达国家的两者速度是相近的,这意味着迄今我国仍未实现环境资源与经济发展的脱钩。

OECD在《衡量经济增长对环影响脱钩关系的指标》报告中研究了环境压力与经济增长的脱钩指标,发现OECD各成员国已经普遍处在经济增长与环境破坏的脱钩状态,也有部分国家已经实现了经济增长的完全脱钩。[②] 但是这只是一小部分的国家,纵观近几年来全球资源消耗以及环境污染的现状,如何实现经济发展与资源环境压力的"脱钩"是摆在全球面前的重大课题。

(二)关于经济发展与资源环境压力的"脱钩"的测度

国内外许多学者都运用"脱钩"理论对某个地区的经济发展与环境资源的关系进行了研究探索,包括联合国环境规划署联合国环境规划署(UNEP)在研究经济发展对环境影响的关系时,也采用了脱钩理论,并将其分为资源脱钩和影响脱钩两种模式。其中资源脱钩指的是减少单位经济增长所消耗的资源量,其实现

---

① 陈劭锋、刘杨、李颖明:《中国资源环境问题的发展态势及其演变阶段分析》,《科技促进发展》2014年。

② 李斌:《我国经济发展与能源、环境、资源的关系——基于脱钩理论的分析》,《中国经贸导刊》2012年第27期。

途径是通过提高资源使用效率，在不降低经济增长率的前提下，实现资源、能源使用量减少。影响脱钩指的是在保持经济增长的同时，减少其对环境的影响。[1]

脱钩理论认为，经济发展与资源利用、环境压力的关系表现为两种：其一是对资源利用和环境压力随着经济发展而增加；其二是对资源利用和对环境压力并没有随着经济的发展而增加，甚至还会减小。第一种关系称为"耦合关系"；第二种关系称为"脱钩关系"。通过环境库兹涅茨曲线描述环境与经济发展的关系也可以采取耦合与脱钩进行研究（Schoferand Hironaka，2001；OECD，2002）。这种研究方法与环境库兹涅茨曲线的原理是一致的。当经济发展与资源利用、环境压力是耦合关系时，处于环境库兹涅兹曲线的上升阶段；而当经济发展与资源利用、环境压力之间是脱钩关系时，则处于环境库兹涅兹曲线的下降阶段。[2]

脱钩分为相对脱钩和绝对脱钩，在前文有详细阐述。但是在这些脱钩概念模型，只分析了资源环境与经济发展关系的情况，却未考虑经济衰退时二者的关系，而经济衰退也时常发生。基于此，有学者将脱钩概念模型根据经济总量变化率与资源利用量的变化率（环境压力变化率）的关系进行了进一步的划分，可以划分为6种类型，即：相对脱钩、扩张耦合、负向耦合、衰退脱钩、衰退耦合、绝对脱钩（见表7—2）。[3]

表7—2 经济发展与资源利用、环境压力之间的关系及特征

特 征		判断标准	
经济变化	资源/环境变化	关系	脱钩类型
$R_e>0$	$R_{t/e}>0$	$R_e>R_{t/e}$	相对脱钩
		$R_e<R_{t/e}$	扩张耦合
$R_e<0$	$R_{t/e}>0$		负向耦合
$R_e<0$	$R_{t/e}<0$	$R_e>R_{t/e}$	衰退脱钩
		$R_e<R_{t/e}$	衰退耦合
$R_e>0$	$R_{t/e}<0$		绝对脱钩

注：R_e 指经济变化率；$R_{t/e}$ 为资源/环境变化率。

---

[1] 李斌：《我国经济发展与能源、环境、资源的关系——基于脱钩理论的分析》，《中国经贸导刊》2012年第27期。

[2] 于法稳：《经济发展与资源环境之间脱钩关系的实证研究》，《内蒙古财经学院学报》2009年第3期。

[3] 于法稳：《经济发展与资源环境之间脱钩关系的实证研究》，《内蒙古财经学院学报》2009年第3期。

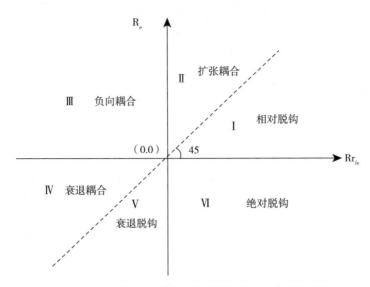

图7—2 经济发展与资源利用（环境压力）之间的关系

世界经济与发展合作组织（OECD）环境研究领域的专家，将脱钩用来形容经济增长与环境污染的联系，或者说使两者的变化速度不同步。在环境领域，它的脱钩指标设计是基于驱动力—压力—状态—影响—反应框架（DPSIR），主要反映前两者的关系也就是驱动力（例如 GDP 增长）与压力（例如环境污染）在同一时期的增长弹性变化情况，当 GDP 增长快于环境污染物增长时称为相对脱钩（Relative decoupling），GDP 增长而环境污染物为零或负增长时则称之为绝对脱钩（Absolute decoupling），具体的测度用脱钩指数。

脱钩指数（DI）是指一定时期内某种资源（例如水资源）消耗量变化的速度，或某种污染物（例如 SO_2）排放量变化的速度与经济规模变化的速度（例如 GDP 增长率）的比。脱钩指数的计算公式如（1）所示。

DIn＝GIn／Ein （1）

DIn：第 n 年脱钩指数；

EIn：第 n 年能源消耗指数或污染物排放指数；

GIn：第 n 年 GDP 增长指数。

脱钩指数（DI）的意义可理解为：

第一，当 DI≥1 时，就是污染物排放量增速与经济增速同步，或快于经济增速，即没有发生脱钩，或称为绝对耦合。在绝对耦合阶段，DI 值越大，表明经济增长对资源的依赖程度越高，资源效率越低，环境污染越严重。

第二，当 0<DI<1 时，说明污染物产生量增速慢于经济增速，即相对脱钩现

象出现。在 DI 属于 0 到 1 这个区间，DI 值越小，资源效率越高或污染物排放率越低，经济增长对资源的依赖程度越小或者单位能耗污染物排放率越低。

第三，当 DI＝0 时，说明污染物排放总量不变，但仍可维持经济增长。或者说，在经济持续增长的情况下，污染物产生量不增加。DI＝0 是相对脱钩向绝对脱钩的转折点。当 DI 变为负值时，表明在经济持续增长，但污染物排放总量却在降低。①

四、布朗的"B 模式"

（一）"B 模式"提出者莱斯特·R.布朗

莱斯特·R.布朗被《华盛顿邮报》誉为"世界上最有影响的一位思想家"。印度加尔各答《电讯报》称他为"环境运动的宗师"。1934 年 3 月 28 日出生于美国新泽西州。1955 年从拉特格斯大学获得农业科学学士学位，此后又分别在 1959 年、1962 年获马里兰大学农业经济硕士学位和哈佛大学公共管理硕士学位。1974 年，布朗创办了从事全球环境问题分析的世界观察研究所并任职该所所长，率先提出环境可持续发展的概念。世界观察研究所 1984 年创刊的《世界现状》年度报告，目前已经有 30 多种文字的版本，被誉为全球环境运动的《圣经》。他的著述丰富，著作或与他人合著有 47 部，19 种专论和不计其数的文章，1986 年美国国会图书馆征集他的著作作为馆藏，先后获得国内和国外 22 个荣誉学位，获得普利策奖（2 次）；美国麦克阿瑟天才学术奖、联合国环境奖（1987）；世界自然基金会奖（1989）；日本蓝色星球奖（1994）；意大利总统奖章和瑞典皇家学院颁发的博格斯特劳姆奖。1995 年在马奎斯名人录 6（Marquis Whoiswho）发行第 15 版之际，布朗被选为 50 位杰出美国人之一。2001 年，他又创办了地球政策研究所，并担任首席所长至今②。

布朗一直以惊世骇俗的言论著称于世，其著述主要涉及人口、粮食、生态环境与可持续发展等方面。1994 年 9 月，莱斯特·R.布朗发表了长达 141 页的《谁来养活中国：来自一个小行星的醒世报告》。布朗认为，中国日益严重的水资源短缺，高速的工业化进程对农田的大量侵蚀、破坏，加上每年新增加一个北

① 王崇梅：《经济增长与环境压力脱钩实证研究》，《科学研究》2010 年第 3 期。
② 吴炜：《莱斯特·R.布朗 B 模式思想研究》，内蒙古大学硕士学位论文，2009 年。

京市的人口，到 21 世纪初，中国为了养活 10 多亿的人口，可能得从国外进口大量粮食，这可能引起世界粮价的上涨。10 年过去了，中国并没有像莱斯特·布朗所想象的粮食危机①。

布朗的另外两部力作是 2001 年 11 月出版的《生态经济：有利于地球的经济构想》和 2003 年出版的《B 模式：拯救地球，延续文明》（以下简称《B 模式》）。

在《B 模式》中，他以"美国已成为世界能源最大威胁"的论断，警告中国不要模仿美国式的发展道路。布朗认为，西方发展经济的模式，即基于矿物燃料，以汽车为中心，产品使用后就抛弃的经济模式，并不适合中国，同样也不适合拥有 30 亿人口的其他发展中国家。在日益融合的全球经济中，所有国家都在竞相争夺石油、粮食和铁矿资源，现行的经济模式在工业国家也不再行得通。这种经济模式被定义为"A 模式"。布朗说，A 模式即传统经济发展模式所走上的一条环境道路正在使世界经济走向衰退和最终崩溃，"世界需要一种全新的经济模式。"故必须选择 B 模式，即新经济模式②。

（二）"B 模式"思想提出的背景

1. 生态借债已到期，食物泡沫经济行将破灭

为了架构自己的生态经济设想，改变目前的这种经济发展模式，莱斯特·R.布朗首先从人类的食物这一最基本需求开始分析说："食物生产也许是经济中最脆弱的部门，其中的泡沫成分再明显不过"③。世界每年新增人口 7000 多万，大多集中在发展中国家，这些新增的人口对提高粮食需求提出巨大的挑战，从 1998 年开始，每年约有一亿吨粮食的亏空，饥饿人口大度增加，并且也集中在发展中国家。迫于生计，人们只有对自然资源强取豪夺，从而导致地球自然资源透支，生态系统严重失衡，社会矛盾激烈动荡，主要表现在以下几方面。

第一，水资源短缺已演变成世界性问题。一方面人口的膨胀对粮食需求剧增，种粮面积扩大，农业用水消耗量也随之增大，另一方面经济高速发展是工业

---

① 赵凡：《从布朗 B 模式谈起——访经济学家李京文》，《中国国土资源报》2006 年 3 月 23 日。

② 赵凡：《从布朗 B 模式谈起——访经济学家李京文》，《中国国土资源报》2006 年 3 月 23 日。

③ 牛文元：《中国可持续发展总纲（第一卷）·中国可持续发展总论》，科学出版社 2007 年版。

快速发展的支撑，工业用水也随之增加，并且发展中国家城市化进程加快，城市用水出现压力，最终导致农业用水与工业用水和城市居民生活用水相争的矛盾。而在一个国家内部，由于经济因素和社会因素，在水资源争夺战中，农业最终是要输给工业和城市的。下面的事例可以说明"生产1吨小麦要用1000吨水，但生产1吨钢只用14吨水，在水的稀缺事关国家安全的中国，1000吨水既可以用来生产最多值200美元的1吨小麦，也可以用来增加工业产量，其价值则达到14000美元，相当于小麦的70倍。在一个全神贯注于发展经济、创造就业岗位的国家，决定政策时只把剩下来的分给农业，就是不足为怪的了"[①]。煤和石油短缺，可以找到替代资源，但是水是不可替代的，因此水资源的稀缺也可能导致国家冲突升级。"未来的中东战争可能是为争水而不是石油，而现在，竞争水的局面正在世界谷物市场中形成在这一竞争中，日子可能最好过的是财政上最强而不一定是军事上最强的国家"[②]。地下水位的下降，包括谷物产量加起来占全球一半的美国、中国和印度，都存在过度抽汲用水来提高谷物产量的问题，但这给人的只是一种虚假的食物保障感，随着水位的下降，最终必然会导致粮食减产，难以满足每年增长人口的食物需求。这样水的稀缺就会通过国家之间的谷物贸易跨越国界，任何一个地方出现水资源的短缺都将可能影响所有地方的人。

第二，土壤受侵蚀，森林遭毁灭，耕地缩小。[③] 人们为了应对粮食危机，只能开荒毁草毁林，扩大耕地面积，满足不断增加的人类需求；还有许多农民在那些坡度过大、过度干燥等不宜耕作的土地上耕种，不仅加重了土地负担，还易遭受风水侵蚀；又由于过度放牧，导致草地退化，土地荒漠化加剧；随着工业化和城市化进程的加快，大批耕地被占用，沦为城市和工业用地，形成了"在饥饿现象还相当普遍的国度，汽车与作物之间的争斗已经在麦地和稻田上展开了"[④]。除此之外，争夺耕地的还存在其他一些不确定因素，比如大豆与谷物争夺地盘，生物质燃料与粮食作物争地盘，耕地变为他用（比如修建鱼塘，军事基地，训练场等），使得土地问题也更加突出，人地矛盾不断加剧。

第三，全球"温室效应"，海平面升高。煤炭、石油和天然气等化石燃料构成了工业发展的主要能源，这些燃料燃烧后释放出大量的二氧化碳气体，具有吸热和隔热的功能，形成一种无形的玻璃罩，使太阳辐射到地球上的热量无法向外层空间反射，使地球表面变热，全球气候变暖。气候变暖造成水资源短缺，引发

① 欧阳志远：《最后的消费》，人民出版社2000年版。
② 潘玉君、武友德、邹平、明庆忠：《可持续发展原理》，中国社会科学出版社2005年版。
③ 吴炜：《莱斯特·R.布朗B模式思想研究》，内蒙古大学硕士学位论文，2009年。
④ 曲格平：《我们需要一场变革》，吉林人民出版社1997年版。

干旱，影响作物生长，使作物产量降低，最终导致食物更加缺乏；南北极冰层大量融化，海平面不断上升，一些岛屿国家和沿海城市将淹于水中，世界银行的一份报告显示，即使海平面只小幅上升 1 米，也足以导致 5600 万发展中国家人民沦为难民，气候反常，极端天气多；海洋风暴增多，土地荒漠化，森林火灾，海洋酸化等各种消极影响，最终导致全球生态系统的崩溃，陆地和海洋生态系统将无一幸免。

2. 社会分化加剧

许多发展中国家由于先天不足的自然条件和历史及现实的原因，陷入贫穷的泥沼，难以自拔。而发达国家经济快速增长，社会财富增加，使得国家之间贫富差距不断拉大。世界卫生组织资料表明"约 12 亿人营养不良，体重不足，时时挨饿，同时，约 12 亿人营养过剩，体重超标，因此，在 10 多亿人整天发愁能否填饱肚子的同时，另外 10 多亿人却担心吃得太多"[①]。而贫困又成为诱发各种社会性问题的根源。比如饥饿，全球有 8 亿多的人口长期得不到足够的食物，连正常的体力活动都无法维持，身心得不到健康发展；比如，由于饥饿而营养不良，同时由于贫困而缺乏必要的医疗设备，导致一些疾病蔓延，艾滋病肆虐南亚和非洲地区，夺去了许多青壮年的生命，酿成了成千上万的"艾滋病孤儿"；比如，贫困使许多国家教育滞后，文化普及率低，民主进程缓慢，生态意识淡薄，形成贫困—多育—受教育水平低—加剧生态破坏—再度陷入贫困的恶性循环之中。"贫困、饥饿、疾病、文盲"等社会因素相互交织，破坏了社会正常运行的机体，制约了经济的发展，使一些国家和地区政治冲突不断，社会矛盾迭出，人类生存困境重重[②]。

（三）B 模式的目标

A 模式（即以透支自然资源）形成的泡沫经济，必将随着自然条件（地下水位下降、枯竭、土地资源锐减、大批森林被毁、温室气体的超量排放等）的恶化和社会矛盾（社会分化、政局动荡等）的加剧而破碎，为挽救这种经济不致破灭，实现人与自然、人与社会达到一种和谐，莱斯特·R.布朗期望通过一些

---

① 魏志勇、赵明：《环境与可持续发展》，中国环境科学出版社 2007 年版。
② 吴炜：《莱斯特·R.布朗 B 模式思想研究》，内蒙古大学硕士学位论文，2009 年。

措施实现如下目标①。

表7—3　莱斯特·R.布朗的A模式和B模式的目标对比

序号	"A模式"下的现状及后果	"B模式"目标/构想	措施
1	过分向自然索取,土地侵蚀严重,森林面积锐减,渔场濒临崩溃,生物多样性减少,生态环境恶化和社会系统失调,人类文明陷入困境。	让地球恢复本来的面目,让人类有一个健康的自然系统来支撑。	A.保护土壤和修复土质; B.保持用水和供水平衡; C.振兴渔业; D.保护和恢复森林; E.保护动植物的多样性; F.开展广泛的植树固碳行动。
2	二氧化碳等温室气体导致生态环境恶化和诱发粮食减产的重要因素; 许多国家意识到减少二氧化碳等温室气体排放的重要性与紧迫性,但由于利益分配及责任和义务承担方面的分歧很大,减排收效甚微。	调整能源结构,到2020年将二氧化碳净排放减少80%。	A.必须提高能源的利用率,改变消费方式,比如白炽灯换为荧光灯,提倡绿色建筑,设计新的城市交通系统,将现有的城市交通系统转变为多样化的; B.开发新能源,调整能源结构:开发风能、太阳能、地热能、潮汐或波浪水力发电以及生物质燃料等新型能源,改变以煤炭、石油为主要燃料的能源结构,进而达到削减温室气体排放量、稳定气候的目的; C.开发新型经济模式来代替以化石燃料为基础、以小汽车为中心和一次性产品泛滥的经济。
3	根据美国人口调查局的估计,截至2013年1月4日,全世界有70.57亿人,人口的不断膨胀,对粮食的需求也不断剧增。	让80亿人吃饱吃好。	A.培育早熟品种,开发一年多熟耕作技术,扩大一年多熟的耕地面积; B.谷物和豆科作物轮作等方式来提高土地生产力; C.提高灌溉用水的效率;使用推广节水技术和转向节水品种; D.提高水价和让农户直接参与用水管理等方式来提高水的生产力; E.把水产养殖业与农业生产结合起来; F.把大豆添加到饲料中去等方式有效地生产蛋白质; G.改善食物结构,让富裕阶层通过减少消费畜产品的方式转向食物链低端,从动物蛋白转向植物蛋白。
4	人类进入21世纪,全球范围内饥饿、贫困和疾病等社会问题日益凸显,波及到世界的各个角落,向各国政府提出了严峻的挑战,这些社会问题最终会导致政局不稳扩大,经济滑坡加速。	稳定人口,应对社会挑战。	A.遏制艾滋病的传播,建立健全的医疗保障体系; B.普及启蒙教育; C.缩小贫富之间的差距,消灭贫困,保证社会的稳定。

资料来源:通过对莱斯特·R.布朗《B模式:拯救地球延续文明》等资料整理而来。

---

① 吴炜:《莱斯特·R.布朗B模式思想研究》,内蒙古大学硕士学位论文,2009年。

（四）"B 模式"思想的实现

所谓的"B 模式"，是一种抢在全球泡沫经济突然破灭之前，进行全面动员，使泡沫逐渐消失的对策。要使泡沫不致突然全部破灭，需要人们进行史无前例的国际合作，以实现世界人口、气候气象、地下水位和土壤状态的稳定，而且要迅速，要以战时状态所需的速度进行①。要从根本上改变以前那种以透支地球资源获得经济增长的经济模式（即 A 模式），关键是要进行体系变革，建立一个能够"反映生态真理的市场信息"为基础的体系，压缩经济泡沫，促进生态系统健康发展的可行路径。

1. 控制人口规模，转变能源利用基础，稳定气候，改善生态环境，压缩经济泡沫

人口急剧增长造成人与环境承载力的矛盾是导致世界环境恶化、资源枯竭的重要原因。因此，要使全世界采用"B 模式"，就必须由一个强大的国家牵头，各个国家团结合作以保证人口数量的稳定（75 亿上下②）；通过改变能源利用结构，减少碳排放，促进气候稳定；采用滴灌等技术，提高水的利用率，节约用水，并且要保证地下水位的稳定，避免因地下水层枯竭用水供应锐减，粮食等作物生产急剧减少等问题出现；保护绿色植被，保持稳定的水文状态，将土地侵蚀率降低到等于或低于新生土壤生成率，避免出现土地肥力下降、耕地遭到废弃现象，保护耕地，改善自然生态环境。

2. 建立起能够反映生态形境的市场机制

市场具有三个根本性的弱点：一是市场不能合理地评估出自然界提供服务的价值；二是价格未包含能够反映提供商品或服务的间接成本部分；市场未能适当评估自然界所提供服务的价值；三是市场没有对自然体系（如森林、牧场、渔场、地下蓄水层等）的可持续产出的有限性加以重视③。

---

① ［美］莱斯特·R.布朗：《B 模式：拯救地球延续文明》，林自新、暴永宁等译，东方出版社 2003 年版，第 185 页。

② ［美］莱斯特·R.布朗：《B 模式：拯救地球延续文明》，林自新、暴永宁等译，东方出版社 2003 年版，第 186 页。

③ 陈一壮、何嫣：《莱斯特·布朗生态经济理论述评》，《湖南医科大学学报》（社会科学版）2005 年第 4 期。

长期以来，人类活动规模一直与地球的广大无法相比，但到了 20 世纪的后半叶，世界经济规模扩大了 6 倍，而市场的上述弱点未能妥善处理，由此产生了经济扭曲，带来了环境破坏、资源能源浪费、生态系统失衡问题，把环境成本推向了社会，产品的间接成本已经远远高于其市场定价。比如，对汽油的价格来说，人们过多考虑的是对其开采和提炼的成本，但没有涉及治疗因吸入污染空气造成呼吸系统疾病的费用或修复酸雨损害的开支，也没有包括与全球气温升高、冰川融化、频繁的破坏性暴风雨雪乃至海平面上升造成上百万离弃家园的环境移民等有关的花费。① 目前的经济繁荣，一部分是靠对地球上土壤、森林、海洋、蓄水层、矿物层等丰富资源耗用来维持的，靠越来越大的生态赤字来维系，使地球稳定的环境、气候等遭到破坏。而生态赤字是不入账的，人类迟早会为此付出代价。

如果我们能够计算出与产品或服务有关的所有成本包括生态成本，并让其纳入市场价格体系，建立起真实反映市场环境效益的市场体制，就能够避免因不真实的会计系统误导而最后破产。

3. 进行税制转移

要想从源头遏制这种以自然环境为代价追求经济利益增长的行为，就必须要让那些破坏环境者支付一定的费用，建立一个能够将经济活动完全造成的成本反映出来的税制体系，即进行税制转移——降低所得税、提高会破坏环境种种行为的征税额。这些税项转移的方式，在西方一些国家（瑞典、德国、法国、意大利、英国等经济大国）某些行业（如交通行业实施的交通堵塞税、向烟草行业征收其危害健康的费用向砍伐树木的人征收立木税）开始实施，取得了比较显著的绩效。②

4. 补贴转移

1997 年，地球理事会在《为不可持续的发展发放补贴》研究报告中指出："人类每年要花数千亿美元，补贴其毁灭自身的活动，这真是匪夷所思"③。有关

---

① ［美］莱斯特·R.布朗：《B 模式：拯救地球延续文明》，林自新、暴永宁等译，东方出版社 2003 年版，第 192 页。

② ［美］莱斯特·R.布朗：《B 模式：拯救地球延续文明》，林自新、暴永宁等译，东方出版社 2003 年版，第 198 页。

③ ［美］莱斯特·R.布朗：《B 模式：拯救地球延续文明》，林自新、暴永宁等译，东方出版社 2003 年版，第 200 页。

这样补贴的例子不胜枚举，其中一个堪称经典的是伊朗对汽油消费的补贴。伊朗国内石油售价被定为国际售价的 1/10，极大鼓励石油消费，每年的补贴达 36 亿美元，据世界银行的一份报告说，如果取消这项补贴，伊朗的含碳排放会减少 49%。还有如 19 世纪末 20 世纪初，美国大平原地区由于初期过度耕作，最终导致 20 世纪 30 年代形成严重的干涸区，数十万人被迫离开自己的家园；前苏联推行"开垦草地种植小麦的处女地计划"，最终导致土地荒漠化和沙尘暴频繁发生，严重影响人们的生活；中国的北部、内蒙古等地也有类似的情况发生。以上这些事例都折射出由于政府经济政策的失误，导致了环境破坏、气候恶劣。因此，要实现经济的可持续发展就必须进行补贴方式的转移与改变，把这些破坏环境的补贴方式转移到有利于生态保护方面上来，比如将补贴用于风力、太阳能、地热能等不危害气候和环境的能源开发和利用上去，促使地球气候稳定；将补贴从公路建设转移到铁路建设，一般来说可以增加运输功能，减少碳排放。

减少对破坏环境行为的补贴，转移到其他对环境有利的补贴上，既可减轻纳税人的负担，也可减轻破坏环境的行为，又可以促进经济效益，可谓一举三得。

（五）"B 模式"对中国绿色发展的启示

布朗的理论核心是传统的工业化发展模式（即以矿物能源为基础、一次性使用商品的模式）不再可行，各国的发展，应该摒弃传统的 A 模式，走保护环境、节约资源的新道路，即 B 模式。B 模式的思想和政策建议，对发达国家的绿色转型是相当重要的，同时对中国的绿色发展也有极其重要的启示：首先，莱斯特·R.布朗提出一系列的可持续政策，为中国的发展模式转变提供了宏观的理论和思想指导，对于研究适合中国发展的 C 模式（即在不超过发达国家人均生态损耗的意义上，提高中国人的经济社会发展水平）是有重要指导意义的；其次，在 B 模式中，布朗对世界人口、水源、粮食和能源等前景做出了预测，如果一直走目前的生产路线，自然环境生态系统将不堪重负，人类文明也将毁灭。这些给我们敲响了警钟，尤其是中国这种"高能耗"发展道路，是我们更加要注意的，中国要转变经济增长模式，更加注重人与自然和谐相处；再次，布朗对核能、风能、太阳能、地热能等新能源寄予厚望，中国也应当重视对这些新资源开发和利用技术的发展，努力开发出新能源；最后，布朗提出的警示，比如"中国消耗资源太多"，对于中国发展的绿色转型是有针对性的，要避免更多的 A 模式偏向，找出一条符合自己发展需要的路子——C 模式。

第八章　"生态足迹"理论

　　"生态足迹"理论最早由哥伦比亚大学规划与资源生态学教授 Willian E.Rees 于 1992 年提出，经其博士生 Wackemagel 进一步深化研究之后，得到完善并逐渐推广开来。生态足迹（ecologicalfootprint）也称"生态占用"，是指特定数量人群按照某一种生活方式所消费的、自然生态系统提供的各种商品和服务功能，以及在这一过程中产生的废弃物需要环境（生态系统）吸纳，并以生物生产性土地（或水域）面积来表示的一种可操作的定量方法。其应用意义是：通过生态足迹需求与自然生态系统的承载力（亦称生态足迹供给）进行比较即可以定量地判断某一国家或地区目前可持续发展的状态，以便对未来人类生存和社会经济发展做出科学规划和建议①。

一、"生态足迹"理论的缘起及其内涵

（一）"生态足迹"理论的缘起及其出现的理论背景

1. 理论缘起

　　生态足迹理论雏形最初由 Vitousek 等人对于人类占用光合产物的研究启发而提出，但还可以追溯到更早的时期。它有比较深远的思想根源。

　　在 19 世纪，重农主义者认为土地是人类创造价值的来源，换句话说他们认为唯一的生产部门是农业，而不是工业或者服务业其中的任何一种。古典经济学家虽然并没有强调土地价值决定论，但承载力的重要性却被一再提及。英国人口

---

① 范振刚、单宇：《生态足迹与可持续发展》，《自然杂志》2009 年第 5 期。

学家 Malthus 和 Ricardo 最先注意到由可获得土地数量决定的承载力对种群数量的限制现象。Malthus1798 年发表的《人口原理》一书，集中阐述了土地供养能力与人口增长的关系，认为长远来看以几何级数增加的种群数量必将超过由数学级数增加的土地数量决定的食物供给水平，当种群数量达到承载力后，由于食物短缺又会出现数量增长下降的现象。Ricardo 则认为种群数量会逐渐增长从而无限接近承载力，但数量不会下降。

这可以归入生态承载有限论的范畴。其典型观点还有如 1891 年德国地理学家 F.Ratzel 提出的"生存空间"概念，意指"活的有机物在其范围内发展的地理区域"；1902 年 L.P.Faundler 计算出地球每公顷土地的生态生产力约可供养 5 个人，并据此得出这就是地球容受力上限的结论；1949 年美国学者 W.Vogt 在《生存之路》中明确指出，土地承载能力是生物潜力与环境阻力之比，即 $C = B/E$（式中 C 为土地承载力，B 为生物潜力，E 为环境阻力）[1]，指出世界人口增长已经超过了土地和自然资源的承载力；我们可以把这些理论和观点看作是生态足迹理论的缘起。

在国际上，有关生态足迹的研究可以追溯到 20 世纪 70 年代，如 Borgstrom1967 年提出"虚拟英亩"（GhostAcreage）概念[2]，Odum，E.P.（1975，1989）[3] 探讨了一个城市在能量意义上的额外的影子面积（shadowareas）；Vitousek Petal.（1986）[4] 测算了人类利用自然系统的净初级生产力（Netprimaryproductivity）；Jasson，A.M.（1980）等[5]分析了波罗的海哥特兰岛海岸渔业的海洋生态系统面积；Vitousek（1986）测算了人类占用自然系统的净初级生产力（NetPrimaryProductivity）；Ehrlich 和 Commoner 提出 IPAT 可持续评价经典等式；Hartwick，J.M.（1990）提出了绿色净国家产品（GreenNetNationalProduct）概念等，这些研究作为生态思想资源，成为生态足迹理论方法的来源。加拿大生态经

① 屈志光、严立冬、朱蓓、邓远建：《生态足迹理论应用研究进展：评述及反思》，《理论月刊》2011 年第 4 期。

② Borgstrom G.The hungry planet：The modern world at the edge of fainine.New York：Collier Books，1967：358-366.

③ Odum E P.Ecology：The Link Between the Natural and the Social Sciences.New York：Holt Saunders，1975：135-137；Odum E P.Ecology and Our Endangered Life Support System.Sunderland：Sinauer Asscciates，1989.

④ Vitousek P，Ehrlich P，Ehrlich A，e al.Human appropriation of theproducts of photosynthesis.BioScience，1986，36：368-373.

⑤ Jasson AM，Zucchetto J.Energy，economic and ecological relationships for Gotland，Sweden：A regional system study.Swedish Natural Science Research Council，Ecological Bulletins，1978.

济学家 Willia E.Rees 等在前人的研究基础上于 1992 年提出生态足迹概念①，并由其博士生 William Wackernagel 等人加以完善和发展为生态足迹模型。其后，出现了其他与生态足迹模型测度目标相类似的研究，主要有：FoEEurope（1995）提出的环境空间（Environmentalspace），Pearce，D.W.、etall（1993）提出的真实储蓄（GenuineSavings），De Groot（1992）、Costanzaetal1（1997）、Turner（1991，1998，1999，2000）等提出的功能分析（functionalanalysis）等②。然而，与真实储蓄等方法不同，生态足迹分析对可持续发展管理的指示意义不同，它更侧重寻求从生态与经济两个角度与层面来探讨对可持续发展的测度而引起重视。

2. 理论背景

自然生态系统是人类赖以生存和发展的物质基础，其主要功能有：①提供人类生存所必需的自然资源，包括土地资源、大气资源、水资源、生物资源等；②消纳吸收人类活动排放的污染物质；③为人类生存提供活动场所。为体现自然资源对人类生产生活的支持作用，Pearce 等基于经济学相关思想提出"自然资本"的概念，体现了自然资源对人类生产生活的支持作用。狭义的自然资本指"可为当代人及后代人提供有用的商品或服务的自然资源或环境资产存量，如海洋、森林或农业用地"。广义的自然资本包括生态系统的所有功能，如消纳污染物、提供基本资源、提供适宜的景观环境等；其意指资源存量以及不同资源间的组织结构关系和功能性完整。自然资本概念的提出使环境系统的生态服务功能更加明确。由于自然资源存量、环境存量和消纳废物的能力是有限的，因此要实现可持续发展，必须把人类的一切活动限制在环境功能阈值范围之内。而有效评价环境功能阈值以及人类活动是否超出了范围是评价可持续发展的关键。对"可持续性"不同的理解会造成评价方法不同：弱可持续性原则认为可持续发展即为"自然资本和人造资本的总和保持恒定或增加"，承认人造资本可耗竭资源的替代作用；与之相反，强可持续性原则认为可持续发展是"自然资本存量保持恒定或增加"。生态足迹理论建立在强可持续原则基础上，即只考虑当前的自然资本供给能力，不考虑技术进步等因素对资源的替代功能。因此，它表达了更为严格的可持续发展概念。③

①　Rees W E.Ecological footprint and appropriated carrying capacity：what urban economics leaves out.Environment and Urbanization，1992，4（2）：121-130.

②　章锦河、张捷：《国外生态足迹模型修正与前沿研究进展》，《资源科学》2006 年第 6 期。

③　尹璇、倪晋仁、毛小苓：《生态足迹研究述评》，《中国人口、资源与环境》2004 年第 5 期。

（二）"生态足迹"理论的内涵及相关范畴

1. 生态足迹的内涵

生态足迹理论是将特定的经济系统和人口对资源的消费量用"生态性土地面积"来表达，并与该地区实际的生态供给能力相比较，以判断该地区的发展是否处于生态承载力的安全范围之内，即衡量地区的可持续发展程度。或者说生态足迹是指在一定的技术条件下，能够持续地提供资源或消纳废物的、具有生物生产力的地域空间，它从具体的生物物理量角度研究自然资本消费空间测度问题。首创者 Rees 曾形象的将其比喻为"一只负载着人类与人类所创造的城市、工厂、铁路、农田……的巨脚踏在地球上留下的脚印。"①。William 和 Wackernagel 在 1996 年后从不同侧面对其进行了解释：②"一个国家范围内给定人 1：1 的消费负荷"、"用生产性土地面积度量一个确定人口或经济规模的自愿消费和废物吸收水平的账户工具"、"在特定的物质生活水平条件下，供养特定数的人口所消费的资源和吸纳这些人口所产生的废弃物所需要的生物生产性陆地和水域的总面积。"③ Wackernagel 对上述相关观点总结道：生态足迹分析之所以能够用生物生产性土地面积来代替人类对自然资本的占用，其原因在于自然资本总是与一定的地球表面相联系，固而或用生物生产性土地面积来表示自然资本，这样一方面既反映了人类对自然资本的占用，另一方面又反映了人类消费对自然产生的影响，是一种可以将全球关于人口、收入、资源应用和资源有效性汇总为一个简单通用的、国家之间可以进行比较的便利手段的一种账户工具④。总之，作为一种资源利用分析工具，生态足迹用生态空间的大小表示自然系统能够提供生态服务的功能和人类对自然资本的消费，对人类经济活动可持续性做出判断和评价，据此来反映区域资源消耗强度，判断区域的可持续发展状态；来判断人类对自然系统的压力是否处于生态系统的承载范围内，判断生态系统是否安全，人类社会的发展是否处于可持续发展的范围内。其度量尺度可以是一个国家、一个城

① Rees WE.Revisiting carrying capacity：area-based indicators of sustainability.Population Environment.1996，17（3）：195-215.

② 尹璇、倪晋仁、毛小苓：《生态足迹研究述评》，《中国人口、资源与环境》2004 年第 5 期。

③ Wackernagel M, Onisto L, Callejas A.Ecological Footprints of Nations：How much nature do they use? How much nature do they have.Commissioned by the Earth Council for the Rio+5 Forum.International Council for Local Environmental Initiatives.1997：7-9.

④ Wackernagel M.Our Ecological Footprint：Reducing Human Impact on the earth.Gabriola Island；New Society Publishers' 1996：154-157.

市、一个产业或者一个人；它的大小受人口规模、生活水平、技术和生态能力等因素的影响。①

"生态足迹"估计一定的可供人类使用的可再生资源或者能够消纳废物的生态系统，可以承载多少一定生活质量的人口，这又可称为"适当的承载力"。这个极其抽象的定义并不实用，取代它的往往是人口等城市生态系统承载力的外在表征。当前，生态足迹作为生态承载力的量化方法被国内外学者普遍使用，即以可利用的土地面积为单位对城市生态系统承载力进行表征。简单地理解，生态足迹是生态系统的需求，生态承载力是生态系统的供给，二者比较可以计算出生态赤字或是生态盈余。在城市生态系统的现状评价中多使用生态足迹法，分析出该区域人口对自然资源的利用状况和计算出该区域的可持续性。

Rees 形象地把生态足迹比拟成人类的创造物在地球上荡过时所留下的痕迹，当生态足迹在地球承载力范围之内时，人与自然就处于相对平衡与和谐状态，当生态足迹超出地球承载范围，人与自然关系就会失衡，最终将会导致人类文明的坠落与毁灭。②

从以上界定可以分析出，生态足迹仅仅表达了资源的利用特征，因为它主要从消费视角解释人类占用的资源量。虽然在把生态足迹用于测定本地区或国家的可持续发展态势时避免不了与本地的环境承载力进行比照，但若从生态哲学视角，将两者作为生态哲学一对基本范畴来理解便会使此概念的内涵更加丰富明晰。由于生态承载力可以被视为生态足迹的倒数，因为它从供给维度提供了生态系统所能容纳的最大人口数。从生态哲学角度审视，两者构成一对基本范畴既合乎逻辑又合乎常理，两者的实际发展趋势呈相反方向。在本质上，生态足迹的提出旨在对单一生态承载力的缺陷与不足进行修正和弥补，实际上从内涵上吸收了生态承载力的内核与精华，是其本义的对等置换表述。

2. 生态足迹理论的相关范畴

第一，生态生产性土地。也称"生态生产性面积"，指具有生态能力的土地或水体，是生态足迹分析方法为各种自然资本提供的统一计量基础。生态生产又称"生物生产"，其基本含义为生物从外部环境中摄取能够使其生命得以维系的最低限度的基本条件（物质与能量）并将其转化为新物质而实现的物质与能量积累。自然资本产生自然收入是由于生态生产。在生态足迹理论中，自然环境消

① 尹璇、倪晋仁、毛小苓：《生态足迹研究述评》，《中国人口、资源与环境》2004 年第 5 期。
② 包瑞：《生态足迹分析理论与方法研究》，内蒙古大学硕士学位论文，2012 年。

纳污染物的作用（如林地对 CO_2 的吸收）也作为生态生产力的一种，其大小表达了自然资本的生命支持能力。[1]

"生态承受力"与"生态足迹"是最为重要的两个概念，二者均与"生产性土地"概念相联系。生态承载力通常被定义为一个区域所能提供的人类生态性土地面积的总和。生态足迹指在当前技术条件支持下，某一区域特定的人口为维持某一物质的可持续消费所必需占用的生态性土地的面积。由此可见生态性土地是最基本的概念。生态足迹理论将地球表面的生态性生产土地分为 6 大类：耕地、牧草地、林地、水域、化石能源用地和建筑用地。

其一是耕地，6 类土地中生产力最高的土地类型，是人类赖以生存的基本资源和条件，其生态生产力是单位面积产量。进入 21 世纪，人口不断增多，耕地逐渐减少，联合国粮农组织（FAO）的报告显示，地球表面约有 13.5 亿公顷的可耕地都已经处于耕种状态，但每年因土质严重恶化而遭废耕的土地高达 100 万公顷，这一现象极度令人心痛。同时意味着，当下世界上人均可耕地面积已不足 0.25 公顷，故而引起全世界的普遍关注与高度重视了。

其二是牧草地，指以生产草本植物为主，用于进行畜牧业生产的土地，其生态生产力可通过单位面积承载的牛羊数及牛奶、肉类产量计算而得到。因生产者与消费者之间能量流动的"黄金递减规律"，使生产者为人类所用的生化能量实量很少，也由于牧草的生物量潜力远不如可耕地，因此与可耕地的生产力上相比，绝大多数牧草地逊色得多。

其三是林地，是指成片的天然林、次生林和人工林覆盖的土地；包括用材林、经济林、薪炭林和防护林等各种林木的成林、幼林和苗圃等所占用的土地，其主要作用是生产木材、涵养水源、净化空气、保护生物的多样性等。它的生态生产能力主要指提供木材的量。据统计，全球森林覆盖总面积约为 34.4 亿公顷，人均面积为 0.6 公顷。森林并不仅仅具备为人类提供必要的木材等经济价值，其具有的涵养水源、调节气候等多种生态价值更为重要。但现实情况中森林往往难以开发或者生态生产力低，造成森林面积逐年递减的原因也颇多，主要有乱砍滥伐，毁林开荒等。此外，牧草地的农耕化扩充也是其中主要原因之一。[2]

其四是水域，包括淡水水域和海洋，其生态生产能力是指鱼类的单位面积产量。海洋生物繁多，产量巨大，但约占全球海洋面积 8% 的海岸带的生物产量却

① 刘冬梅：《可持续经济发展理论框架下的生态足迹研究》，中国环境科学出版社 2007 年版，第 163—164 页。

② 包瑞：《生态足迹分析理论与方法研究》，内蒙古大学硕士学位论文，2012 年，第 19 页。

占到了整个海洋的 95% 以上，并且目前的海洋生物产量已达到饱和。

其五是化石能源用地，指吸收化石燃料燃烧排放出的二氧化碳所需的林地面积（此处并未包括化石燃料及其他产品排放出的其他有毒气体）。化石能源用地面积大小通常用土地转化因子的手段来进行测定，主要是把乙醇或甲醇作为中介物置换由于化石能源损耗而相应补偿的生态性生产土地，或者以吸收等量的二氧化碳的森林面积来进行置换，抑或是以资源枯竭率重建资产所需土地面积途径来代替。[1]

其六是建筑用地，即人类为满足生存与发展的需要而建置的各类设施与道路交通所占用的土地，对人类来说是生存必需的场所。但由于城市化进程的加快，大量本可用于生产的耕地被当作建筑用地使用，这意味着建筑用地面积增加一分，生物生产量损失一分。

"生态生产性土地"概念的引入使得对自然资源的统一描述成为可能，并最终变成现实，而原本不可通约的各类资源能够最终进行对比也是由于"等价因子"和"生产力系数"的出现，这样使得计算变得更加简明扼要且合理易行，使得生态足迹分析应用由此从个人、家庭、城市、地区跃升至国家乃至整个世界范围，更加便于进行纵向与横向不同维度的比较分析，这个引人注目的方法也得到了更多的信任。

生态足迹分析指标为可持续发展提供了一个可量化的可操作的具体方法与途径，使先前的定性研究跃到定量研究阶段。在当下条件下，由于量化指标可行并相对值得信赖，将其用于可持续性程度在"时—空"维度上进行量度和比较，既有助于人们明晰与可持续性目标的可能差距，又能比较直观地监测可持续方案的实施效果。此外，这个方案在科学上的可复制性与可操作性等特点为计算机操作提供了极大便利，被制作成软件包后该指标及方法的普及化得到大大促进。

然而，这并不代表这种分析完美无缺，漏洞与局限性依然存在。早期的一些关于人口过剩的理论和计算预测都已经被证明是错误的，其中一个重要原因就是科学的进步，这使得之前一些不可利用或利用低的资源变得可用甚至更加经济有效。由于生态足迹理论的统计和技术涉及大量的资源利用和消费问题，关于它计算也出现了类似问题。一些专家认为，生态足迹的计算结果直接忽视甚至遮蔽了生态产品和生态服务能的损耗，仅仅关注与彰显经济产品与社会服务能的损耗，而忽视资源的间接消费只重视其直接消费，单向性地标识经济决策对环境的影

---

① 刘冬梅：《可持续经济发展理论框架下的生态足迹研究》，中国环境科学出版社 2007 年版，第 164—165 页。

响，几乎无视资源开发利用中其他的重要因素，如工业城市化的推进挤占耕地，由于污染、侵蚀等造成的土地退化情况。单向性地标识经济决策对环境的影响。

它的应用意义在于，通过生态足迹与生态承载力之差值进行比较即可以定量地判断目前某一地区或国家的可持续发展状态，便于对未来社会经济的发展做出科学规划和建议；便于探讨如何做才能保障地球的承受力以及人类如何持续依赖自然，进而支持人类未来的生存与发展。

第二，生态容量与生态承载力。Hardin 的生态容量界定得到生态足迹研究者们承认和接受："在不损害有关生态系统的生产力与功能完整前提下，可无限持续的最大资源利用与废物产生率。"[1] 并将其进一步发展为"一个地区的生态容量就是其所能提供给人类的生态生产性土地面积总和"。采用这种表述克服了传统生态容量只关注人口这一单一元素的不足和缺陷。实事求是地分析，衡量生态容量仅从人口单一因素出发有失偏颇，人口只是影响环境的诸多因素之一，从总体规模与人均数量两方面思考，其更容易受贸易、技术进步、不同消费模式等因素制约。

在此基础上，生态容量的生态承载力或称生物承载力被生态足迹理论定义为一个区域所能提供人类生态性土地面积的总和。

作为可持续发展的生命源泉与前提基础，生态容量反映与表征着生态系统的自我维持与调节能力，也反映了其自身对于资源环境的供给与容纳能力。对其进行研究，有利于可持续发展的各项举措在现实中顺利施行，一定程度上克服了可持续发展理论与现实操作的缺陷与不足。

第三，生态赤字/盈余。这一对观念对于生态容量与生态足迹关系的表征是刚好相反的。生态赤字（Ecological Deficit）/生态盈余（Ec-ological Remainder）由生态足迹与生态承载力的关系来确定，当生态足迹大于生态承载力时，则产生生态赤字，反之则为生态盈余。一个地区出现了生态赤字，说明该地区的人类负荷过重，要保持该地区人们现有的生活水平，就只有通过从地区外进口欠缺资源或消耗自然资本来弥补收入供给流量的不足，说明该地区处于相对不可持续发展的状态中。反之，生态盈余则说明该地区的生态承载力高于生态足迹，表明该地区处于可持续发展状态。

第四，全球生态标杆，是指世界人均土地资源扣除其他生物所需的土地面积后的拥有量，它是各种土地类型的整合值。Wackernagel 等 1997 年计算得出世界

---

① Hardi P，Barg S.Measuring sustainable development：Review of current practice.International Institute for sustainable development，1997，11（1）：2-19.

人均生态性土地 1.8 公顷。根据世界环境与发展委员会的报告，应至少留出 12% 的生态承载力来保护全球生物的多样性①。

第五，全球赤字/盈余。假设人人利用资源的权利是同等的，各地区的人口与全球生态标杆的乘积就可以衡量其可利用生态容量。因此如果全球生态标杆低于一个地区的人均生态面积，即该地区在公平原则下应分摊的可利用生态足量低于其环境的影响程度而产生赤字，这种赤字即为全球赤字，相反则为全球盈余。全球赤字/盈余是衡量在现有的能源资源等生态环境下一个地区的可持续发展程度。

第六，全球公顷。是用以表征生态足迹账户的标准生物生产性土地单位。地球上实际的生产性土地与海域面积之和就是全球公顷数，所代表的是全球生物生产性土地生产力的平均生产力，此概念的引入旨在通过对比国际间的生态足迹与生态承载力，把结果作为衡量资源需求与分配是否公平公正的一个可靠依据。

第七，均衡/产量因子。这是生态足迹模型中至关重要的两个参数。如上所述，在生态足迹计算中，为了便于操作，将生态生产性土地分成了六个类型。均衡因子便是全球该类生态生产性土地的平均生态生产力与全球总生态生产性土地的平均生态生产力的比值。引入均衡因子的最终目的在于将类型各异的生态生产性土地转化成国际上公认的、有统一标准的、简便易行的、能够进行比较的、相对初级的生物学产量②。

产量因子主要指涉区域内一种类型的生态生产性土地之平均生产力与其世界平均生产力之间的比值，反映了局部产量和全球平均产量的差异。它既是一个国家或地区的土地天生所固有的可再生资源生产能力的自然体现，又在一定程度上展示了不同国家或地区目前拥有的技术与管理水平之差距。

二、生态足迹模型

生态足迹模型是通过对某区域自然资源消费量与人类产生的废弃物吸纳量所需要的生物生产性土地面积的基本测定，并把测定结果与该区域的生态容量进行具体比较，以此为主要依据来测定区域可持续发展状况的有效方法，是一种基于土地空间面积占用来度量可持续发展程度的自然资产综合核算工具。自 20 世纪

---

① 尹璇、倪晋仁、毛小苓：《生态足迹研究评述》，《中国人口、资源与环境》2004 年第 5 期。
② 包瑞：《生态足迹分析理论与方法研究》，内蒙古大学硕士学位论文，2012 年。

90 年代初被提出以来，就一直是国内外可持续发展度量方法的研究热点之一。①

生态足迹模型法作为一种度量可持续发展程度的分析方法，主要由模型出现的理论背景、理论假设、生物生产性土地分类和计算等组成。

（一）模型出现的理论背景②

作为一种全新的发展模式和理念，可持续发展在成为衡量一个地区开发和是否健康发展的标准同时，也是世界各国可持续发展合作的重要基础。而定量一个区域的发展状况是测度该研究区域是否实现可持续发展的前提条件，还要横向比较区域之间的发展状况，定量测度发展的可持续状态。但由于传统的国民经济账户指标 GDP 在测度发展的可持续性方面存在明显局限，使得这一研究领域长期以来成为理论界的一个难点③。

国际上的一些组织及有关学者于 1992 年联合国在里约热内卢召开的环境与发展大会之后就开始致力于研究可持续发展程度，探索能定量衡量国家或地区发展的可持续性指标。随后，中国也开始对可持续发展的指标体系进行深入的研究，如中国科学院可持续发展研究组提出的"中国可持续发展指标体系"、"山东省可持续发展指标体系"④ 等。

20 世纪 90 年代以来，国际上相继提出了一些直观的、易于定量评价的方法及模型，如 Daly 和 Cobb 提出的"可持续经济福利指数"（ISEW）；Cobb 等提出的"真实发展指标"（CPI）；Prescott-Allen 的"可持续性的晴雨表"模型等，生态足迹模型就是其中最具代表性的一种。⑤

（二）理论假设

2002 年，Wackernagel 博士等提出了计算全球生态足迹的 6 个假设：一是人类社会消费的大部分资源和产生的废弃物是可跟踪的；二是这些资源和废弃物能

---

① 包瑞：《生态足迹分析理论与方法研究》，内蒙古大学硕士学位论文，2012 年。

② 王书华、毛汉英、王忠静：《生态足迹研究的国内外近期进展》，《自然资源学报》2002 年第 6 期。

③ 易光斌、董瑞斌：《生态足迹理论及其应用》，《江西科学》2003 年第 3 期。

④ 毛汉英：《人地系统与区域可持续发展》，中国科学技术出版社 1995 年版。

⑤ 王书华、毛汉英、王忠静：《生态足迹研究的国内外近期进展》，《自然资源学报》2002 年第 6 期。

够转换成产生等量资源并能消解这些废弃物的生产性土地面积；三是各类可用的生产能力不同的土地，可以折算成全球公顷；四是假设这些土地的用途是互相排斥的，它们可以相加成人类的消费需求；五是自然地生态服务供应也可以用全球公顷表示的生物空间表达；六是生态足迹可以超越生物承载力①。

生态足迹建基于以上 6 条基本假设前提条件下，制定出诸多指标来计量人地系统间自然资本的供需情况与预测某地区或国家的可持续发展程度。

（三）生态足迹模型分析计算方法

自从生态足迹理论问世以来，人们的关注焦点一直都是其核心部分计算方法，并进行了多相度与多方位的研究与探讨后，诸多方法渐渐成型。其中比较有代表性的有如 2004 年 Erb 提出的真实土地面积法（Actual Land Demand）、Bicknell 的投入产出法、Haberl 的时间序列法等。但这些方法基本上都是在 Rees 和 Wackernagel 法的基础上发展起来的。

1. 生态足迹模型的基础方法

Rees 和 Wackernagel 法的前提条件与基本依据是以土地利用类型划分的消费矩阵。该方法把土地利用类型细分为农业用地、牧业用地、建设用地、森林和能量用地；消费则指食物、住房、交通运输、商品与服务方面的消耗，用表征消费来表示，即消费量等于国内生产量与进口数量相加，再与出口量相减。生态足迹计算中所提供的土地面积获取途径是用消费量除以各类型土地的全球平均产量所得到的比值。②

2. 生态足迹模型计算分析方法演进

生态足迹模型自 1992 年提出以来，迅速得到学者们的广泛关注和实证应用。通常，在生态足迹的计算过程中，对不同类型的区域采取不同的算法，从而使计算结果更加真实准确，缩小误差，以达到更好的效果。因此，综合众多学者的研究成果，我们对生态足迹模型计算方法的演进进行了如下的归纳总结。

第一，过程分析法。过程分析法包括了综合法和成分法③。

---

① 张志强、徐钟民等：《生态足迹的概念及计算模型》，《生态经济》2000 年第 8 期。
② 包瑞：《生态足迹分析理论与方法研究》，内蒙古大学硕士学位论文，2012 年。
③ 景跃军、张宇鹏：《生态足迹模型回顾与研究进展》，《人口学刊》2008 年第 5 期。

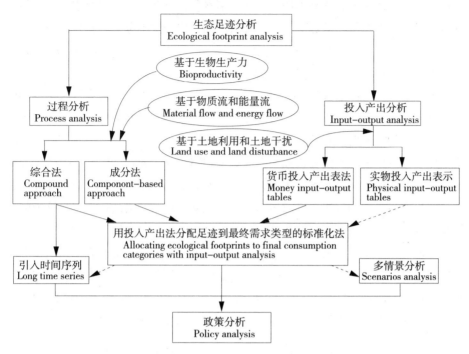

图8—1　生态足迹分析方法演进（虚线为探索路径）

资料来源：陈冬冬、高旺盛、陈源泉：《生态足迹分析方法研究进展》，《应用生态学报》2006年第10期。

综合法（Compound Approach）。最初由 Wackernagel（1993）用该方法第一次对世界上52个国家的生态足迹进行实证计算，1997年对其进一步完善之后，再一次对这52个国家的生态足迹进行计算；后经过 Monfreda 等人的研究改进，该方法日趋完善。在中国，由徐钟民等学者在2002年用该方法计算中国1999年的生态足迹。综合法需要完整的整体性数据，尤其需要有关进出口数据，因此，该方法一般适用于国家层面生态足迹的计算。

成分法（Component Approach）。省、市、地方、企业等生态足迹的计算适合用成分法。该方法最早是在1998年由 Simmons 和 Chambers 提出，而后 Barett 等学者①对其进行了改善。成分法保留了生态足迹计算的原有体系，仍把土地占用分为6类（耕地、牧草地、林地、水域、化石能源用地和建筑用地）。该方法在确定一定人口消费的所有个别项目和数量的基础上，再用生命周期数据计算每个

---

① Barrett J. Component ecological footprint：Developing sustainable scenarios. Impact Assess Project Appraisa, l 2001，19：107–118.

组成项目的生态足迹，核算不同的生产、消费行为以及从原材料获取到产品最终处置的所有环节对生态的影响。与综合法不同，成分法不考虑原材料的消耗，而是关注区域本地的如能源、交通、水、废弃物等影响。英国 BFF 环境顾问公司和斯德哥尔摩环境研究所（SEI）均采用该方法计算生态足迹。

第二，投入产出法（Input-Output Analysis，IOA）。投入产出分析法是由美国经济学家 Leontief① 于 1931 年研究提出，并于 20 世纪 60 年代后期 Leontief 等进一步改进，将自然资源利用和环境污染输出等生物物质信息也纳入投入产出表，记录生产产品所消耗资源的价值流框架中；1998 年 Bicknell 首次将投入产出分析法引入生态足迹研究，并应用于生态足迹计算出该方法；2001 年，Ferng 等完善了其在生态足迹中的应用，经过不断修正与完善，投入产出法在生态足迹中的运用日渐成熟，作用越来越大。

目前投入产出分析模型建立在同质性和比例性的两个假定基础上，以单一年份的静态分析为主。投入产出矩阵系统提供了经济活动、生产过程中全部的投入和产出流向，可利用它提供的信息衡量经济变化对环境产生的直接和间接的影响，并可避免双重计算的问题。但是目前一般国家和区域都没有及时完整的更新投入产出表。

第三，用投入产出法分配足迹到最终需求类型②。斯德哥尔摩环境研究所（SEI）的 Wiedmann 和 Barrett 等随后又提出了货币投入产出分析和现有国家生态足迹账户（NFA）相结合的方法。该方法可以将生态足迹分配到不同的经济部门、国家以下区域和社会经济群体和最终需求类型。可应用到多国家和国家以下有投入产出的任何区域，在原有的生态足迹和物流分析法基础上进一步改进，解决了原有方法无法反映的经济活动间的相互联系，以及由产业间依存关系产生的间接环境影响的问题。

3. 其他对生态足迹模型计算方法的完善

第一，真实土地面积法③。为了便于国家间的横向比较，在生态足迹计算过程中，以全球平均产量作为衡量生物生产能力的主要依据。由于忽略了个别地区的土地利用状况与土地类型及气候、土壤特性等的差异，即使该方法在生态足迹

---

① Leotief W. Ford D. Evirronmental repercussions and the economic structure：An input-ouput approach.Rev Econ Stat，1970.52：262~271.

② 陈冬冬、高旺盛、陈源泉：《生态足迹分析方法研究进展》，《应用生态学报》2006 年第 10 期。

③ 包瑞：《生态足迹分析理论与方法研究》，内蒙古大学硕士学位论文，2012 年。

对比时显示出了绝对优势并取得了应有功效，但仍然不能真实反映各类型土地面积的空间分布，不能反映该地区真正的土地面积需求，更不能反映深层次的土地利用价值等相关问题。

为了解决这些缺陷与不足，2004年Erb提出了"真实土地需求"的概念。其主要方法是用区域的生物产量替代全球平均产量，用原产地生物资源生产量替换贸易输入部分。经过这样处理所得到的土地面积，能够相对真实地反映出该区域内人类活动对自然资源和生态环境的影响程度。但该方法同时也存在固有的缺陷：一是用区域的指标代替国家间公认标准尺度后，就很难比较国家间生物容量的分布与公平性；二是各种类型的土地固有的生产力不同，很难进行相互比较。

第二，时间序列分析法。由于生态足迹研究方法是对一个地区和国家可持续发展的测量，故其内在物质的动态性就需要在不同年度维度上与同年不同月份向度上对其予以测度与分析，于是产生了时间序列分析法。

2001年，Haberl等首次进行时间序列生态足迹分析并尝试对奥地利长达70年（1926—1995）的生态足迹进行测算，在进行对比与分析研究中也探讨了该计算方法的适用性与其本身优劣性；同一年，Krausmann等对奥地利1830—1995年的土地利用和工业现代化对生态系统的影响进行了研究应用生态足迹方法对奥地利1830—1995年土地利用和工业现代化对生态足迹系统的影响进行了研究；Wackernagel等对菲律宾、韩国、奥地利三国1961—1999年的传统生态足迹和"实际土地面积需求"进行了计算和结果的比较。

第三，当地标准面积法。这主要是相对于全球标准面积法提出的。全球标准面积法在计算中不能反映某一地区土地利用状况与特点，运用当地标准面积法，可以描述一定人口占用多少相当于他们居住面积的生产性面积、这些土地的分布状况如何和哪些生态系统的压力最大等，比较客观地反映出某一个地区的实际情况与问题，能够引起当地居民与当局的重视，在制定相关的政策时能更具针对性，更加有利于解决该地区发展中的关键与问题。

（四）生态足迹分析模型的计量方法及步骤[①]

1. 假设前提

第一，将不同类型的生态生产性能土地面积按照其生产力折算之后，可以用

[①]　此部分关于生态足迹模型的分析与计量方法主要引自刘冬梅著、中国环境科学出版社2007年版的《可持续经济发展理论框架下的生态足迹研究》一书中的计算过程。

同一单位表示，即每英亩（或公顷）耕地、草地、森林和渔场，并可以折算成世界平均生产力下的等值面积。

第二，每标准英亩（或公顷）代表等量的生产力，并能够相加，加和的结果表示人类的需求。

第三，人类需求的总面积可以与环境提供的生态服务量相比较，比较的结果也用标准生产力下的面积表示。

2. 分解步骤

在上述假设的前提下，生态足迹的计算可概括为六个主要分析步骤：

第一，划分消费项目，计算各主要消费项目的废物消纳中自然资源的消费量，即追踪资源消耗的废物消纳。其中消费包括直接的家庭消费、间接消费，最终使家庭受益的商业和政府消费的货物和服务。统计方法分为"自上而下"和"自下而上"两种，前者通过全国或地区统计年鉴来获得数据，后者通过调查问卷统计人均量值。

第二，计算为了生产各种消费项目占用的生态生产性土地面积。利用平均产量数据，将上述两类资源占用按照区域的生态生产能力和废物消纳能力分别折算成具有生态生产力的六类主要的陆地和水域生态系统的面积。

$$A_j = \sum_{i=1}^{n} \frac{C_i}{EP_i} = \sum_{i=1}^{n} \frac{P_i + I_i - E_i}{EP_i}, \quad (j = 1, 2, 3, \cdots 6) \tag{1}$$

式中：

A_j——计算区域第 j 年消费总量。若除以人口数，也可同时计算第 j 项的人均年消量值（hm^2/人）

EP_i——相应的生态生产性土地生产的第 i 项消费项目的年平均生态生产力（kg/hm^2）

C_i——资源消费量

P_i——资源生产量

E_i——资源出口量

I_i——资源进口量

$P_i + I_i - E_i$——计算区域第 i 年消费总量。若除以人口数，也可以同时计算出第 i 项的人均消费量值（hm^2/人）

第三，计算生态足迹。汇总生产各种消费项目占用的各类生产性土地面积，即生态足迹的分组。

均衡化处理，也称等量化处理。均衡化处理，亦等量化处理。因为六类生态性生产土地的能力各有不同，故在进行生态足迹和生态承载力的计算时，需要对计算得到的各类生物生产性面积乘以一个均衡因子（equivaliancefactors），也称当量因子，以对这些具有不同生态生产力的生物生产面积进行同等转化。我们需要用均衡因子将 6 种不同类型的土地汇总。均衡处理后，全球平均生态生产力的、可以相加的世界平均生态生产型面积就可以由 6 类生态系统的面积得出。[①]用公式表示为：

$$EF = \sum_{j=1}^{6} A_j \cdot EQ_j \qquad (2)$$

式中：EQ_j——均衡因子或等价因子或当量因子，可用 r 表示。

第四，产量调整。六类生态生产性土地的生态生产力是存在差异的，从而使计算所得的面积不可比，因此需要将其进行调整，方法是产量因子（yIeidfactors）乘以生态生产力。用公式表达为：

$$A_j = \sum_{i=1}^{n} \frac{C_i}{EP_i \cdot YF_i} = \sum_{i=1}^{n} \frac{P_i + I_i - E_i}{EP_i \cdot YF_i}, \quad (j=1, 2, 3, \cdots\cdots 6) \qquad (3)$$

式中：YF_i——产量因子。

经过这一步骤，各个区域的生态生产性土地转换为同一生产力下的面积值，从而具有可比性。

第五，计算生态承载力（EC）或生态容量。将上述步骤中的消费量用地区的实际生物产量代替，计算地区生态容量值：

$$EC = \sum_{j=1}^{6} EC_j \cdot EQ_j = \sum_{j=i}^{6} AA_j \cdot YF_j \cdot EQ_j \qquad (4)$$

式中：AA_j——各类土地类型的地区实际生态生产性面积

EC_j——各类土地的生态容量

EC——地区总计生态容量

第六，计算生态赤字（ED）/生态盈余（ER）

$$ED = EF - EC \quad (EF - EC)$$

$$ER = EC - EF \quad (EF \leq EC) \qquad (5)$$

3. 生态足迹的综合计算模型

第一，计算各种消费项目的人均生态足迹的分量（为了生产各种消费项目占用的人均生态性土地面积）。

$$EF = Nef = N \sum_{i=1}^{n} (aa_i) = N \sum_{i=1}^{n} (c_i/p_i) \qquad (6)$$

[①] 刘冬梅：《可持续经济发展理论框架下的生态足迹研究》，中国环境科学出版社 2007 年版。

式中：EF——总的生态足迹；N——总的人口数；ef——人均生态足迹；aa_i——人均第 i 种交易商品折算的生物生产面积；c_i——第 i 种商品的人均消费量；p_i——第 i 种消费品的平均生产力；i——消费品和投入类型

或表示为：

$$ef_i = C_i / Y_i = (P_i + I_i - E_i) / (EP_i \times N) \tag{7}$$

式中：N——人口数；

ef_i——第 i 项人均消费量值（hm^2/人），即人均生态足迹。

总的生态足迹为：$EF = Nef$

在对能源部分贸易调整的计算中采用了如下的计算方法：

$$N_i = M_i \cdot \left| \frac{H_i}{G_i} \right| \cdot W_i \tag{8}$$

式中：N_i——第 i 种商品能源携带量；M_i——第 i 种商品贸易净价值量；H_i、G_i——中国该类商品净贸易的实物量和价值量；W_i——该商品的能源密度。

在计算煤、焦炭、燃料油、原油、汽油、柴油和电力等能源消费项目的生态足迹时，将这些能源消费转化为化石能源土地面积。将化石能源的利用转化为相应的土地面积，也就是估计以化石能源的消费同样的速率来构建自然资产所需的土地面积。Wackernagel 等所确定的煤、石油、天然气和水电的全球平均土地产出率分别为 $55GJ/hm^2 \cdot a$、$71GJ/hm^2 \cdot a$、$93GJ/hm^2 \cdot a$、$100GJ/hm^2 \cdot a$，据此可以将能源消费所消耗的热量折算成一定的化石能源土地面积。

第二，计算人均占用的各类型生产性土地等价值。r_j 为均衡因子。

$$ef = \sum r_j A_j = \sum r_j (P_i + I_i - E_i) / (EP_i \times N) \quad (j = 1, 2, 3, \cdots\cdots 6) \tag{9}$$

地区总人口（N）的总生态足迹（EF）：

$$EF = N \cdot (ef)$$

第三，生态容量或生态承载力（生物承载力）的计算。人均生态容量或生态承载力（生物承载力）：处于谨慎性考虑，在生态承载力计算时应扣除 12% 的生物多样性保护面积。

某类人均生态容量 = 人均各类生态性土地的面积×等价因子×生产力系数

$$ec = a_j \cdot r_j \cdot y_j \quad (j = 1, 2, 3\cdots\cdots 6) \tag{10}$$

式中：ec——人均生态承载力；a_j——人均生态生产性面积；r_j——均衡因子；y_j——产量因子；

区域生态承载力：

$$EC = N \cdot (ec)$$

式中：EC——区域总人口生态承载力（hm^2/人）

第四，基于生态足迹的区域可此续发展判定方法。通过生态足迹与生态承载力的对比计算，利用的处的生态赤字与生态盈余的办法，来判断区域目前的发展是否是可持续的。

区域的生态足迹如果超过了区域所能提供的生态承载力，就出现生态赤字，表明区域发展是不可持续的；如果区域生态足迹小于区域的生态承载力，则表明为生态盈余，表明区域的发展是可持续状态。区域的生态赤字或生态盈余，反映了区域的人口对自然资源的利用状况。

（五）Wackernagel 为代表的生态足迹分析模型的评价

1. 生态足迹分析模型的优点

与其他生态可持续性指标测度方法相比较，可看出以 Wackernagel 为代表的生态足迹模型分析法有以下的优点。

第一，模型简洁明了且易于理解掌握。Wackernagel 为代表的生态足迹模型能直接建立消费与资源的定量化关系，能有效评价人类活动对环境的影响，这比传统的可持续发展评价方法更具体实在，也是其最突出的优点。

第二，实现了对生态目标的测度，可判断出各地区可持续发展目标的距离，区域可比性强。

第三，易于操作且指导实践。将经济系统中不同属性的消费品转化成生态系统中标准化的生物生产性土地面积，通过测量并计算出能够反映经济系统作用于生态系统的压力程度，从而了解该区域生态系统与经济系统的作用关系，从而判断该区域生态系统对经济系统的支持力度和可持续性，这是生态足迹最重要的贡献。

第四，体现了可持续发展的地域公平性原则。由于该方法将贸易调节地区环境压力中的作用考虑在内，通过贸易过程研究污染跨界问题，能够明显反映出区域对全球生态环境变化所负有的责任或所作出的贡献，各区域在可持续发展中都是公平的。

第五，避免了价格的影响。它对生态资源和服务进行客观的物量化，而避免主观货币量化，能够客观反映经济增长与生态资源和服务供需关系，从而避免价格的影响。

2. 生态足迹分析模型的缺陷与不足

生态足迹理论作为一种新兴理论，还在不断的发展与完善之中，因此所建立生态足迹模型在概念和计算方法上尚存在一定局限性和不足，主要表现在：只涉及现有的土地生产力，未考虑现有的土地生产方式的可持续性；未包括生态风险，如物种消失，生态功能丧失等；未反映资源的稀缺性等①。

第一，未能全面反映一个区域的环境压力。一方面，由于生态足迹理论对水域的界定中，忽视了地下资源的估算，没有考虑未来人们利用水资源足迹的供给；另一方面未能把整个自然系统提供资源与消纳废物的功能完全描述出来，低估了人类对生物圈污染的实际影响。实际上，由于工业废气废水、酸雨等影响全球性的工业污染，导致了资源条件恶化、生态生产性土地及水域面积不断缩减，也就是说实际上我们占有的生态足迹远比计算结果更大。

第二，未全面考虑区域的物质交换开放程度。生态足迹模型的建立将消费品输入输出问题考虑在内，但处理上过于简单，尤其在计算经济系统开放程度较高区域的声讨足迹时，仅用当地消费产出或进出口值来计算生态足迹水平，这样得出结论不一定就是当地生态足迹的真实反映。如新加坡1996年的生态足迹是12.35，生态承载力是0.13，而生态赤字高达-12.21。

第三，计算因子的确定值需进一步探讨：当量因子不随时间和地域的变化而变化，不能确切地反映出城市化进程中各类土地利用类型的变化特征，从而具有一定的政策误导性；耕地和建设用地的当量因子值相等，会造成"建筑用地与耕地的生态功能等值"的错觉，从而导致城市过度扩张，耕地急剧减少的后果；在能源利用方面，仅考虑吸收 CO_2 的林地面积，未考虑资源的稀缺性和边际成本，以及当地是否有适合林业的土地与各地区的恢复成本的差异；将植树造林作为减少二氧化碳唯一的途径，导致计算结果中能源占用的比重过大。

综上所述，生态足迹模型计算方法依然存在一定的缺陷，有待进一步完善，但我们要明白的是任何一种测度方法与指标不可能"包罗万象"，都有一定的前提和假设条件，有它本身侧重的指向性。生态足迹模型不例外。生态足迹指标侧重的是测度生态的可持续性，很难全面反映经济、社会、技术等各方面的持续性，若期望赋予它过多的测度功能，希望它涵盖各方面可持续性测度，这不科学，更没有必要，已经从本质上偏离了生态足迹测度目标和本意。因此，从国家层面上讲，也难以将它作为政策制定的充分依据，但是可以作为重要考虑的方面。

生态足迹方法在实际运用中，最好是与其他测度指标结合起来考察（比如GDP 指标等），这样可以将生态、经济、社会多方面的内在关联进行更加全面的

① 韦晓宏：《可持续经济发展视野中的生态承载力研究》，兰州大学博士学位论文，2010年。

求证。也只有把生态足迹指标和其他生态、经济和社会指标结合起来，才能更好地完成对生态、经济、社会的可持续性测度。

三、生态足迹账户

（一）生态足迹账户的含义

一个地区的生态足迹是指能够持续地提供资源或消纳废物的、具有生物生生产力的土地面积，也包括需要消耗来自世界各地的资源和生态服务的面积总和，而生态足迹账户就是计算这个地区生态足迹和生态承载力，建立起一个不同年份的包含六大生物生产性土地的生态足迹和生态承载力纵向比较的表格账户。目前基本都使用国家生态足迹账户（NFA）2011 版①的标准，测度的一个主要方面是可持续发展的生态承载力与人类的需求，以及有多少是不可持续发展的各个方面，并不包含所有的环境问题。

（二）设置生态足迹账户的意义

建立生态足迹账户，通过比较生态足迹需求与自然生态系统的承载力，度量满足一定人口需求的具有生物性生产力的土地和水域的面积，定量地判断某一国家或地区目前可持续发展的状态。NFA 的意图就是提供科学可靠的、透明的计算，突出生态承载力极限，这样政府、行业和个人就可以更好地利用生态足迹账户了解他们对生物资本的依赖程度，以及如何在资源日益约束的世界进行战略规划②，以便对未来人类生存和社会经济发展做出科学规划和建议。

（三）设置生态足迹账户的方法

由综合法计算的国家足迹账户方法（National Footprint Accounts，NFA）是通过构建土地利用—消费矩阵，将土地利用直接分配到消费类型，虽然可以反映直

---

① Michael Borucke，David Moore.etc，Accounting for demand and supply of the Biosphere's regenerative capacity：the National Footprint Accounts' underlying methodology and framework，2011.

② 中国环境与发展合作委员会、世界自然基金会：《中国生态足迹报告》（上），《世界环境》2008 年第 5 期。

接和间接的综合环境影响，但由于没有考虑产业间的依存关系，无法了解这种综合影响是由哪些生产部门或消费模式造成的，因此不能解释不同消费方式和社会经济群体对环境影响的责任。Monfreda 等在计算国家足迹账户时考虑国内生产、原材料和制成品的进出口情况。工业制成品携带的能源（embodiedenergy）是用次级产品和初级产品的转换率进行大概估算的。而这种从"表观消费"计算的足迹在部门水平不能将资源流正确分配到最终需求，因为它忽略了经济活动间的相互联系以及由产业间依存关系产生的间接环境影响。在全球尺度计算时，可将全球生态系统看作封闭系统，即人们从生态系统中取得的生物生产量和人们消费的生物生产量是相等的，不必考虑贸易对它的影响。但应用综合法计算区域生态足迹时，由于缺少区际贸易的资料，不能调整区域的净消费量。由消费量所定义的生态足迹，并不能告诉我们区域人口对自然环境的生态压力是作用于当地生态系统还是域外。因而，生态足迹在广泛应用的同时也受到很多批评，主要是数据的准确性受到统计资料的限制，不能准确地反映消费对环境的影响；缺乏结构性，不能正确地分配责任；近年来国家以下区域的很多足迹研究，使用不同的方法和数据，产生的结果缺乏可比性。这些都影响了生态足迹对政策制定的作用。①

---

① 邱寿丰：《基于 NFA 计算方法的厦门市生态足迹分析》，《生态科学》2012 年第 6 期。

第九章　"过山车"发展理论

"过山车"理论是指，存在不可逆的生态价值、环境保护与经济增长互补的情况下，较高峰值的环境倒"U"形曲线既非经济上最优，也非环境最优，因为像产业结构、技术进步、消费水平、环境法规与管理、环境意识等因素，通过严格调控，可提前实现生态环境的良性循环。

一、环境库兹涅茨曲线假说

（一）西蒙·库兹涅茨环境变动理论

20 世纪 60 年代中期，西蒙·库兹涅茨在研究中提出一个假设：在经济发展过程中，收入差距随经济增长先扩大后缩小。在直角坐标系中，呈一条倒"U"形的曲线（纵坐标：表示收入差距，横坐标：表示人均收入）。

这条曲线表明，一个国家在工业化初始阶段，环境逐渐恶化；经济增长到一定的水平后，环境质量会得到改善。如果这一假说成立，在一段时期内，经济增长可以弥补环境损失，那么可以采取刺激经济快速增长以超过环境恶化的发展阶段，抵达环境库兹涅茨曲线环境有利的发展阶段。[①]

尽管环境库兹涅茨曲线在现实中一定条件下存在，但是当生态价值不可逆、环境保护与经济增长互补的条件下，环境倒"U"形曲线上的较高峰值既非经济上最优，也非环境最优，因为产业结构调整、技术进步、消费水平、环境法规与管理、环境意识等因素，可弥补经济对环境投入的不足，提前实现生态环境的良

---

① 薛进军：《低碳经济学》，社会科学文献出版社 2011 年版，第 65 页。

性循环。如果发展中国家较早采取严格的终端排放标准和强制安装废物处理系统，不仅不能促进环境的改善，还会阻碍经济增长。这样就会使倒"U"形曲线跨越更大的区间，而非使其变浅。

在环境库兹涅茨曲线中，一般将经济增长与环境污染程度分为三个阶段：第一阶段是经济起飞阶段，表现为经济的高速增长和环境质量恶化；第二阶段是转折阶段，即当环境污染到一定程度后开始改善；第三阶段是环境污染与经济稳定增长阶段。这一曲线假定可持续发展阶段会随着经济增长自发达到，无须采取环境保护的干预性措施。库兹涅茨曲线是以市场经济原理为假设的模型，假定市场会对环境污染做出自动调节，因而无须政府的环境政策干预。[①]

因此，假设生产函数为 $Y=F（K，L，E）$，即环境库兹涅茨曲线。由库兹涅茨曲线的假设，可以得到：

$$\begin{cases} 第一阶段 \quad dE/dY>0 \ 则 \quad dY/dE>0 \\ 第二阶段 \quad dE/dY<0 \ 则 \quad dY/dE<0 \\ 第三阶段 \quad dE/dY \to 0 \ 则 \quad dY/dE \to \infty \end{cases}$$

然而，大多数的理论研究表明，如果没有政府的政策干预，从第一阶段过渡到第三阶段的区间就会被延长，因为无干预的市场经济产生的要素价格扭曲可能会降低技术进步和技术转移的效率，从而影响环境污染的治理。环境的急剧恶化会破坏经济增长路径，进而影响未来的经济增长趋势。[②]

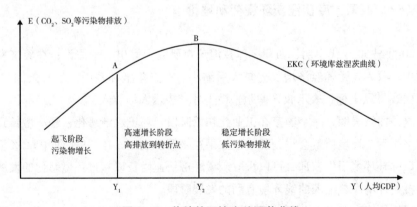

图 9—1 传统的环境库兹涅茨曲线

一些学者对中国的案例分析表明，大规模的环境破坏主要由于经济高速增长、能源的大量消耗。因此，我们不能消极地等待市场机制引导经济体达到环境

① 刘蓓华：《低碳经济系统自组织创新模式研究》，中南大学博士学位论文，2011 年。
② 薛进军：《低碳经济学》，社会科学文献出版社 2011 年版，第 66—67 页。

库兹涅茨曲线的可持续发展阶段，而应寻找一种新的可持续发展的方法尽快走出当前的高增长—高污染—高排放的困境，开辟一条低污染、低排放的增长路径。

（二）没有技术进步的环境库兹涅茨曲线

利用中国发展的独特性寻求一种新的环境库兹涅茨曲线，以建立一种新的经济增长模型。为此，利用经济增长模型来分析。

现在考虑一种有环境因素 E 的增长模式。为此我们得到如下生产函数：

$Y=F（K，L，E）$

其中，Y 为经济增长率，E 是环境污染的成本。

对有环境约束但没有技术进步的生产函数取全微分，得

$dY=（\alpha Y/\alpha K）\cdot dK+（\alpha Y/\alpha L）\cdot dL+（\alpha Y/\alpha E）\cdot dE$

在等式的两边同时除以 Y，得

$dY/Y=（\alpha Y/\alpha K）\cdot dK/Y+（\alpha Y/\alpha L）\cdot dL/Y+（\alpha Y/\alpha E）\cdot dE/Y$

整理上式，得

$dY/Y=（\alpha Y/\alpha K）\cdot（dK/K）\cdot（K/Y）+（\alpha Y/\alpha L）\cdot（dL/L）\cdot（L/Y）+（\alpha Y/\alpha E）\cdot dE/Y$

令劳动的贡献率为 θ，资本的贡献率为 $1-\theta$，有

$dY/Y=\theta\cdot（dK/K）+（1-\theta）\cdot（dL/L）+（\alpha Y/\alpha E）\cdot dE/Y$

令 $\omega=\theta\cdot（dK/K）+（1-\theta）\cdot（dL/L）$，整理得到

$\alpha Y/\alpha E=（dY/Y-\omega）/（dE/Y）$ 即环境库兹涅茨曲线。

因为环境恶化对经济发展起反作用，所以 $dY/Y-\omega<0$。

根据环境库兹涅茨曲线假说，第一阶段，环境开始，所以 $dE<0$，则有

$\alpha Y/\alpha E>0$

第二阶段，环境污染到达一定程度后，环境质量得到改善，所以 $dE>0$，则有

$\alpha Y/\alpha E<0$

第三个阶段，环境污染程度较低，所以 $dE\to 0$，则有

$\alpha Y/\alpha E\to\infty$

因此，在第三阶段，环境污染和经济增长趋于稳定，实现可持续增长。[1]

---

[1] 薛进军：《低碳经济学》，社会科学文献出版社 2011 年版，第 66—70 页。

（三）有环境制约的库兹涅茨曲线

为了说明经济增长与环境变化的关系，在库兹涅茨曲线加入环境约束因素，从而将环境库兹涅茨曲线演变成一个环境约束模型。当经济加速增长时，大量的能源消耗产生温室气体排放物。排放的污染物对经济增长产生负面影响。由于维持经济增长和人类的生活质量，必须进行环境污染治理，而环境污染的代价和治理环境污染的费用，将给经济增长带来沉重的负担和深远的影响，从而制约潜在的经济增长。

根据上述环境库兹涅茨曲线的推导，当环境污染对经济的破坏超过资本和劳动力对经济的贡献时（$dE \to 0$），则有 $\alpha Y/\alpha E \to 0$，$\alpha E/\alpha Y \to \infty$。此时，经济增长处于停滞状态，无法到达可持续发展阶段。

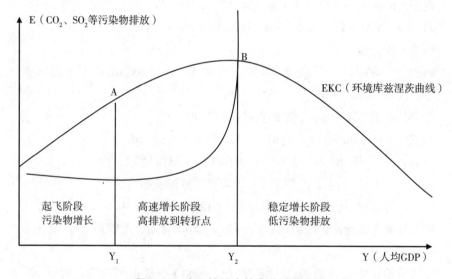

图9—2　有环境约束的库兹涅茨曲线

在以上图形中，在没有技术进步的情况下，如果环境恶化，经济高速增长的路径会受阻，呈现一条向后弯曲的增长路径。经济增长迟迟不能进入可持续阶段，甚至延缓经济增长的速度，出现低增长—高污染—高排放的局面。

（四）有正的环境影响的库兹涅茨曲线及低碳库兹涅茨曲线

引入技术进步因素，从而推导出一个有正的环境影响的库兹涅茨曲线及低碳库兹涅茨曲线。

1. 低碳经济增长模型

可持续发展的低碳经济增长模型是在环境库兹涅茨曲线中增加一个环境治理技术因素。于是生产函数改写为：

$Y = F (K, L, E, T)$

将等式取全微分

$dY = (\alpha Y/\alpha K) \cdot dK + (\alpha Y/\alpha L) \cdot dL + (\alpha Y/\alpha E) \cdot dE + (\alpha Y/\alpha T) \cdot dT$

将上式两端同时除以 Y

$dY/Y = (\alpha Y/\alpha K) \cdot (dK/K) \cdot (K/Y) + (\alpha Y/\alpha L) \cdot (dL/L) \cdot (L/Y) + (\alpha Y/\alpha E) \cdot dE/Y + (\alpha Y/\alpha T) \cdot dT/Y$

令劳动的贡献率为 θ，资本的贡献率为 $1-\theta$，则

$dY/Y = \theta \cdot (dK/K) + (1-\theta) \cdot (dL/L) + (\alpha Y/\alpha E) \cdot dE/Y + (\alpha Y/\alpha T) \cdot dT/Y$

令 $\omega = \theta \cdot (dK/K) + (1-\theta) \cdot (dL/L)$，整理得到

$\alpha Y/\alpha E = (dY/Y - \omega - \alpha Y/\alpha T \cdot dT/Y) / (dE/Y)$

由于环境技术可以促进经济增长，即 $\alpha Y/\alpha T \cdot dT/Y > 0$，而 $dY/Y - \omega < 0$，即

$dY/Y - \omega - \alpha Y/\alpha T \cdot dT/Y < 0$

同时，环境技术可以改善环境质量，使得 $dE > 0$ 或者 $dE \rightarrow 0$。此时，$\alpha Y/\alpha E < 0$ 或者 $\alpha Y/\alpha E \rightarrow \infty$。环境库兹涅茨曲线的斜率 $\alpha E/\alpha Y < 0$ 或者 $\alpha E/\alpha Y \rightarrow \infty$，环境库兹涅茨曲线趋于下降或稳定。如图：

新的环境库兹涅茨曲线显示，如果在经济增长中引进环境技术进步的因素，污染物排放也会逐渐从轻度增加到逐渐下降，在短时间内达到高峰后，实现理想的可持续的发展。这个模型揭示了：要实现由环境污染控制的增长，必须保持一种合理而不是超过环境恶化的高速增长。①

2. 低碳库兹涅茨曲线假设

根据有环境技术进步的增长理论，还可以演化成一种新的解释低碳经济增长模型——"隧道效应"理论来描述。

图形表明，一个经济体可以通过隧道来走捷径达到库兹涅茨曲线的第三阶

---

① 薛进军：《低碳经济学》，社会科学文献出版社 2011 年版，第 73—74 页。

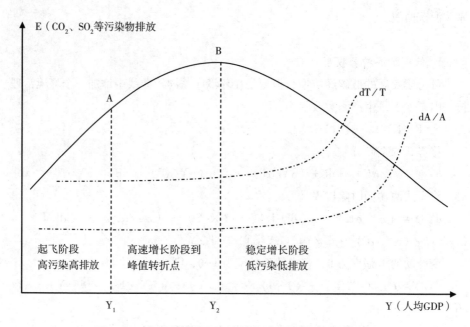

图9—3 有生产技术和环境技术的新环境库兹涅茨曲线

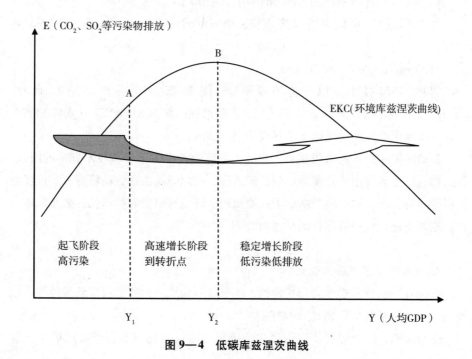

图9—4 低碳库兹涅茨曲线

段。同时,"隧道效应"理论也可以说是赶超理论和技术进步的混合效应理论。

环境治理技术在一定程度上可以促进经济增长，因此

dY/Y−ω−αY/αT·dT/Y<0

进一步推论出在环境治理技术和传统技术存在情况下的曲线：

$R=BK^\gamma L^\delta$（δ+γ）>1

假定（δ+γ）>1，环保技术可以带来递增的规模收益，可以得到新的增长模型：

$R=BK^\gamma L^\delta$

dY/Y=αdK/K+βdL/L+dA/A−δdE/E

dY/Y=ζdK/K+ηdL/L+dA/A−ωdT/T

式中，dA/A=生产技术进步，dT/T=环境技术进步，ω=环境技术增长的弹性。

二、"过山车"发展理论的现实印证

（一）低碳经济背景下中国库兹涅茨曲线研究[①]

自 20 世纪 70 年代末以来，中国经济增长取得了瞩目的成就，但是在经济高速增长的同时，能源资源消耗巨大，粗放的经济增长模式使得环境日益恶化。环境的破坏对未来经济的发展产生了较大的阻碍。

由于资源禀赋，我国是一个典型的以煤炭为主要消费能源的国家，自改革开放以来，煤炭在一次能源消费中的比重一直在 70% 左右。短时期内经济的发展，伴随着高强度的碳排放，2007 年二氧化碳排放量为 67.2 亿吨，超过美国的 59 亿吨，成为世界上头号碳排放国家。我国政府已经规划，到 2020 年实现人均 GDP比 2000 年翻两番的经济发展目标，并且在 2009 年联合国气候变化峰会上提出争取到 2020 年国内生产总值的碳排放强度比 2005 年要有显著下降的目标，加之当前全球都在积极推行"低碳经济"，为保证经济发展目标的实现和大力发展低碳经济以积极应对世界环境问题，除大力开发新能源、调整能源利用结构和促进技术进步外，对经济增长与二氧化碳排放的联系及它们之间的长期变化趋势的研究也应予以高度重视。

[①]　胡宗义、刘亦文、唐李伟：《低碳经济背景下碳排放的库兹涅茨曲线研究》，《统计研究》2013 年第 2 期。

（二）库兹涅茨曲线相关研究评述

经济增长与环境质量的关系一直以来都是环境经济学研究的一个热点问题，而今"低碳经济"理念盛行则使这一问题的研究变得更加热门。目前为止，国内外很多学者进行了大量研究，而对于这一问题研究比较成熟的理论就是环境库兹涅茨曲线。

库兹涅茨曲线是美国经济学家库兹涅茨 1955 年用来分析人均收入水平与分配公平程度的关系的一种假说。1991 年，Grossman 和 Krueger 首次将库兹涅茨曲线用于研究经济增长与环境质量的关系。研究发现，污染物的排放量与人均 GDP 之间存在倒"U"形曲线关系，从此，环境库兹涅茨曲线假说开始盛行。国外方面，Martinez-Zarzoso，Bengochea-Morancho（2004）利用 OECD 国家 1975—1998 年的二氧化碳数据，运用 PMG（pooled mean group）方法估计得出，OECD 的大部分国家存在"N"形环境曲线，而一些不发达国家则存在倒"N"形环境曲线。Galeotti，Lanza，Pauli（2006）则对 EKC 假设进行了稳健性检验，其研究认为 EKC 假设很值得怀疑。Massimiliano Mazzanti，Antonio Musolesi（2007）采用分层的贝叶斯估计法估计了所建研究模型中的参数，他们认为环境库兹涅茨曲线的形状受到所选研究样本的影响，其中工业化程度很高的国家存在倒"U"形曲线关系，并且有可能发展为"N"形曲线，不发达国家则存在正的线性关系曲线。GeorgMüller-Fürstenberger，Martin Wagner（2007）研究 EKC 文献中存在的主要问题进行了讨论，并尝试采用 CGE（Computable General Equilibrium）模型的模拟结果对 CKC（Carbon Kuznets Curves）进行了估计，他认为 EKC 曲线的估计主要受建模理论和经济学水平局限的影响。

澳大利亚国立大学经济环境研究机构（2008）采用扩展的 AL 模型（Andreoni-Levinsonmodel）研究了经济增长与二氧化碳排放的关系，结果表明，如果长期的经济增长有利于减排技术的提高，那么污染物的排放与收入之间存在环境库兹涅茨曲线关系，并且这一结论得到 OECD 国家二氧化碳数据的支持，此外，那些使用低碳能源的 OECD 国家也存在环境库兹涅茨曲线关系。Abdul Jalil，SyedF.Mahmud（2009）选取中国 1975—2005 年的数据运用自回归分布滞后模型研究了二氧化碳与收入、能源消费和贸易之间的关系，其研究结果表明，二氧化碳与收入之间存在环境库兹涅茨曲线关系，贸易对二氧化碳具有正向但统计性质不显著的作用。Mukherjee，Sacchidananda and Chakraborty（2009）对印度环境库兹涅茨曲线假设的研究结果表明，经济增长与环境质量之间的关系并不显著。

PaulB.Stretesky，MichaelJ.Lynch（2009）利用 169 个国家 1989—2003 年面板数据建立面板模型研究分析了人均二氧化碳排放和进出口贸易的关系，其研究结果表明，出口对于世界各国的人均二氧化碳的排放具有正相关关系，而在进口方面，只有个别国家的进口对二氧化碳的排放有影响。他们还指出进出口贸易对二氧化碳排放的作用可能还受产品需求的影响。AaronKearsley，MaryRiddel（2010）利用 27 个 OECD 国家 1980—2004 年以二氧化碳为主的碳氧化物数据以及 1990—2004 年的氮氧化物的数据研究了环境指标与人均 GDP、对外开发程度与人口之间的关系。他们认为，没有证据表明存在显著的环境库兹涅茨曲线关系，他们还发现环境库兹涅茨曲线转折点的置信区间非常宽，几乎包括所有的样本数据，进而他们认为环境库兹涅茨曲线假设值得怀疑。DavidI.Stern（2010）分别用组间估计量（Betweenestimator），面板模型的固定效应、随机效应和面板最小二乘回归估计了 OECD 国家 1960—2000 年以及其他 97 个国家 1950—2000 年二氧化碳与人均 GDP 的关系，其实证结果都支持存在显著的环境库兹涅茨曲线。Paresh Kumar Narayan，Seema Narayan（2010）则利用 1980—2004 年 43 个发展中国家的数据从短期和长期收入弹性角度研究了二氧化碳与收入的关系。他们认为，如果长期的收入弹性比短期的收入弹性小，那么随着收入的增加，污染物的排放会减少，并发现约旦、也门、墨西哥和南非等发展中国家存在这种关系。除此之外，他们还将 43 个国家经过适当的合并，划分为中东、南亚、拉丁美洲等 5 个地区并建立面板模型分析，研究结果表明，只有中东和南亚地区存在长期收入弹性小于短期的情况。Mouez Fodha，Oussama Zaghdoud（2010）利用 1961—2004 年的数据对突尼斯（非洲国家）的人均 GDP 与二氧化碳的关系进行了研究，结果表明两者存在长期的因果关系，并且表现为正相关关系。

同国外的研究相比，我国关于二氧化碳环境库兹涅茨曲线的实证研究起步较晚，并且由于受到数据可得性的限制，研究二氧化碳与相应的经济变量之间关系的相关文献也不多。陆虹（2000）研究发现，全国人均二氧化碳排放量表现出随收入增加而上升的特点。李海鹏等（2006）在环境库兹涅茨曲线假说的基础上对其进行了扩展，分析并验证了收入差距与环境质量之间的关系，结果发现，收入差距扩大会刺激二氧化碳排放，收入差距越大这种影响效果就越突出。而且收入差距还会通过作用于经济增长，促使经济增长对环境的污染程度加强，延迟环境库兹涅茨曲线转折点的到来。胡初枝（2008）基于 EKC 模型，采用平均分配余量的分解方法，构建中国碳排放的因素分解模型定量分析了 1990—2005 年经济规模、产业结构和碳排放强度对碳排放的作用程度，结果表明，经济增长与碳排放之间呈现出"N"形曲线关系，经济规模对碳排放变动具有增量效应，是推动碳排放增加的主要因素。赵欣、齐中英（2008）研究了中国 1995—2006 年期间进出口商品中包含的隐性能源及二氧化碳排放量，考察研究了中国富碳产品的国际贸易趋势，并分析了中国二氧化碳排放增长与国际贸易增长的相关性。他们的研究结果显示，中国出口商品的隐性能源和碳含量显著上升，出口商品生产是中国二氧化碳排放的重要因素。李小平、卢现祥（2010）运用中国 20 个工业行业与 G7 和 OECD 等发达国家的贸易数据实证检验了国际贸易等因素如何影响中国工业二氧化碳的排放。研究结果表明，国际贸易能够减少工业行业的二氧化碳排放总量和单位产出二氧化碳的排放量。包群、陈媛媛等（2010）以国际资本流动作为研究背景，研究了外商直接投资对东道国环境质量的影响，并且在环境质量满足正常商品假设的一般情形下论证了外商投资对东道国当地环境的影响具有倒"U"形的曲线。许广月、宋德勇（2010）选用中国 1990—2007 年的省际面板数据，采用面板单位根和协整检验方法，对中国碳排放环境库茨涅茨曲线的存在性进行了研究，结果表明，中国东部地区和中部地区存在人均碳排放环境库茨涅茨曲线，但是西部地区不存在该曲线。

（三）指标选取、模型构建和数据说明

1. 指标选取

这里涉及的指标如下：

第一，人均 CO_2。该指标作为实证分析中环境质量的代理指标，它们表现为负相关关系，即环境质量改善则人均 CO_2 下降，反之，则上升。

第二，人均 GDP。依据环境库兹涅茨曲线理论，经济增长与环境污染存在倒"U"形曲线关系，即在经济增长初期随着人均 GDP 不断增加，环境质量逐渐恶化，而当人均 GDP 增长到一定程度时，环境开始改善，并伴随着人均 GDP 增加而继续改善，即所谓的倒"U"形曲线变化关系。根据理论假定，将人均 GDP 纳入实证模型的非参数部分，以不确定的函数形式验证环境库兹涅茨曲线理论在中国的适用性。

第三，FDI，即外商直接投资。一般来说，外商直接投资的资金都是源于国外的跨国公司，他们拥有雄厚的资金、先进的技术和高级的管理人才，跨国公司在投资的同时会带来先进的排污技术和先进的污染物处理设备。因此，中国可以通过引入外资学习先进排污技术，从而提高资源的利用效率和提高自身的治污水平，降低中国的环境污染程度。于是假定，FDI 与中国的环境质量存在正相关关系。

第四，TRADE，即贸易总额。学者们对贸易与环境质量的关系持有不同的意见，一部分人认为，贸易跟 FDI 一样可以加大中国相关企业的技术进步，从而可以降低单位产值的二氧化碳排放，改善环境质量。另一部分学者则认为贸易对中国环境具有恶化作用。基于上述不同结论，将贸易变量纳入实证模型的非参数部分。

第五，城市化率（CITY）。城市化、工业化阶段的能源消费特点是增长快和能源需求刚性。目前城市居民人均能源消费量是农村居民的 3.5— 4 倍，超过 75% 的温室气体是由城市排放的。可以预见，城市化的不断推进将对二氧化碳的排放具有促进作用。

第六，能源强度。能源强度（I）即为单位 GDP 产出所需能源消费量，其值等于第 t 年的能源消费总量（E）与第 t 年的 GDP（以 1979 年不变价为基期）之比表示：

$$I_t = \frac{E_t}{GDP_t}$$

在技术没有取得较大进步时，能源消费的强度越大，二氧化碳的排放量也就越大。因此能源强度与二氧化碳的排放量具有正相关关系。

2. 实证模型构建

假设二氧化碳排放主要的影响因素有人均国内生产总值（PGDP）、外商直接投资（FDI）、贸易总额（TRADE）、能源强度（I）、城市化（CITY）、其他的影响因素归结到随机误差项。那么，根据生产函数理论构造如下初始模型：

$$CO_{2t} = A \times PGDP_t^{\beta_1} \times FDI_t^{\beta_2} \times TRADE_t^{\beta_3} \times I_t^{\beta_4} \times CITP_t^{\beta_5} \times e^{\varepsilon_t}$$

将式（2）两边取自然对数得：

$$\ln CO_{26} = \ln A + \beta_1 \ln PGDP_t + \beta_3 \ln TRADE_t + \beta_3 \ln FDI_t + \beta_4 \ln I_t + \beta_5 \ln CITY_t + \varepsilon_t$$

根据第三部分的说明，将 PGDP 和 TRADE 纳入非参数部分，其余的为线性部分，则由式（3）可得：

$$\ln CO_{2t} = \beta_0 + \beta_1 f (\ln PGDP_t) + \beta_3 f (\ln TRADE_t) + \beta_3 \ln FDI_t + \beta_4 \ln I_t + \beta_5 \ln CITY_t + \varepsilon_t$$

然后再根据前面所述的估计理论即可估计出实证模型。

3. 所涉及的数据

二氧化碳（CO_2，单位：吨/人）、人均 GDP（PGDP，单位：元/人）、外商直接投资（FDI，单位：亿美元）、贸易总额（TRADE，单位：亿美元）、城市化（CITY，单位:%）和能源强度（I，单位：吨/万元），六项指标 1979 — 2008 年的数据：其中二氧化碳数据1979—2005年的数据源于世界银行，2006年、2007年数据源于荷兰环境评估局，2008年数据源于文章《国内能源效率偏低二氧化碳排放量增长较快》（金三林，2010）。外商直接投资1979—1983年数据源于联合国统计数据库，其余年份的数据以及人均GDP、城镇化水平和对外贸易总额数据来源于1980—2009年《中国统计年鉴》。能源强度根据《中国统计年鉴》历年能源消费总量（以标准煤表示）与GDP总量之比（1979年不变价）计算得到。

（四）实证结果分析

采用建模工具为R软件中的Sempar软件包，该软件包所采用的估计方法主要是样条估计，符合本文的建模理论，主要实证结果如表9—1：

表9—1　线性部分拟合结果表

	参数值	标准误	比　率	P值
截　距	−4.0770	0.4730	−8.6200	0.0000
PDI	−0.0076	0.0034	−2.2350	0.0279
I	0.7851	0.1068	7.3520	0.0000
CITY	0.0207	0.0071	2.9240	0.0044

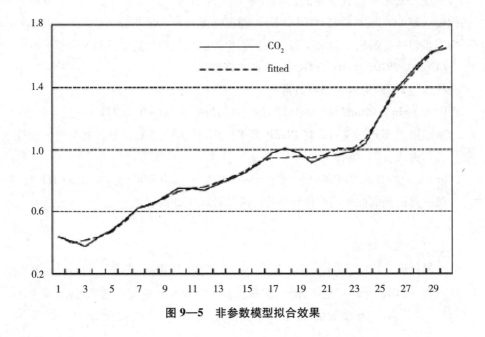

图9—5　非参数模型拟合效果

1. 参数结果

表 9—1 的结果显示 FDI 与二氧化碳的线性关系的统计性质非常显著（P 值为 0.0279），并且为负相关关系，即从统计显著性的角度来看，FDI 的引入具有抑制中国环境质量恶化的作用。另一方面，如果考虑系数的实际意义（即经济意义），FDI 系数显然是不显著的，其系数表明，在其他条件不变的条件下，如果中国的 FDI 引入量提高 100%，则人均二氧化碳降低 0.76%，显然，这种影响是微不足道且不符合实际的（就目前来说，FDI 提高 100% 显然不现实，况且作用效果太小，可以选择其他办法减少人均二氧化碳的排放量）。所以从研究结论来看，FDI 的引入对中国的环境改善几乎是无效果的。能源强度 I 与二氧化碳的线性效果的统计显著性也是非常显著的，并且为正相关关系，即能源强度 I 对我国的环境质量影响具有恶化作用。就其经济意义来看，能源强度的参数大小为 0.7851，且为正，说明在其他条件不变的情况下，如果能源强度每提高 10 个百分点，则人均二氧化碳提高 7.85%，这说明能源强度对人均二氧化碳的作用效果具有很强的经济显著性，这说明能源强度是影响中国人均二氧化碳排放的显著因素。就中国目前的能源消费结构而言，中国现今的能源消耗中化石燃料的比重超过 90%，远远超过美国、日本等发达国家。因此，怎样提高高碳能源的利用效率及寻找其他的高碳替代能源将对降低中国人均二氧化碳的排放具有非常重要的实际意义。城市化水平 CITY 与 CO_2 的关系具有统计意义上显著的线性相关关系，这说明中国城市化的推进会对中国环境质量造成不利影响，不过和 FDI 作用一样，城市化水平对人均二氧化碳影响的经济意义也不显著。其系数表明，在控制其他因素的条件下，如果城市化水平提高 100 个百分点，人均二氧化碳升高 2.07%，就中国目前的发展水平而言，城市化提高 10 个百分点都很难实现，而提高 100 个百分点显然是不可能的，所以就实际意义来看，城市化不足以对中国人均二氧化碳的排放水平（环境质量）造成影响。

2. 非参数结果

非参数模型的拟合优度 $R^2 = 0.9968$，这说明因变量的交叉中有 99.68% 可以由模型（4）解释，即模型的拟合精度非常高，从非参数拟合结果看出，中国的贸易状况对我国的环境具有恶化的作用（虽然中间具有小幅下降，但总体来说，贸易量的增加会增加人均二氧化碳的排放）。改革开放以来，中国的对外贸易一直处于高速增长时期，这种高速增长大大拉动了相关产业的快速发展，特别是高污染、高耗能产业的发展，高污染、高耗能的产业往往都是高碳产业，高的贸易增长伴随中国高碳排放的趋势在短期内很难有所改变。从出口货物来看，中国的出口货物主要分为两大类：工业制成品和初级产品。工业制成品的环境成本要大于初级产品。工业制成品的环境成本越大，中国环境承受的压力就越大，环境的污染就会越严重。根据《中国统计年鉴》，2005—2008年，中国的工业制成品在总出口中的比重分别为：93.56%、94.54%、94.95%和94.55%。说明中国工业制成品占的出口比重一直居高不下，中国环境承受的压力有增无减。

以中国现在的发展状况来看，经济增长与环境质量并不存在所谓环境库兹涅茨曲线关系（这里具体指CKC），而是存在显著的线性关系，并且是正向的线性关系，且曲线的两倍标准差并没有较大的向外侧发散，正向的线性关系非常显著，说明中国经济增长与环境质量存在显著的矛盾，经济增长将会对中国环境造成不利影响。从实证结果来看，经济增长与环境质量的线性关系将不利于中国的综合发展，非参数拟合曲线的走向还是有可能转变为倒"U"形曲线，尽管倒"U"形曲线的转折点可能会在今后一段很长时间才会出现。

（五）结论

鉴于传统的参数回归模型的不足之处，建立了基于中国二氧化碳数据的非参数模型，实证检验了在现今低碳背景下环境库兹涅茨曲线在中国的适用性。在充分控制了可能影响环境质量的因素的条件下，研究的主要结论如下。

第一，FDI与二氧化碳具有统计意义上的线性关系。但经济意义却不显著，可以认为我们不能寄希望于FDI顺带引入的先进治污技术对中国环境改善有作用，就算有一定的改善作用，其对环境的改善作用也几乎是可以忽略的。不过可以肯定的是FDI的引入不会影响中国的环境质量。城市化（CITY）对环境的作用也具有类似的解释。

第二，能源强度I对人均二氧化碳的排放具有正相关关系，统计意义与经济意义也非常显著，说明能源强度的增大将会恶化中国的环境。能源利用效率及新能源开发会是降低能源强度的有效方法，进而可以降低中国人均二氧化碳的排放量。

第三，贸易状况对中国的环境具有恶化的作用且恶化作用比较显著。

第四，中国的PGDP与人均二氧化碳之间的关系不满足倒"U"形的环境库兹涅茨曲线假设。但是可以通过采取积极的政策措施来促使他们之间倒"U"形环境库兹涅茨曲线的产生。研究结果表明，除对FDI的引入进行有效的质量把关外，经济增长、贸易和能源质量也应受到高度的重视，经济增长方式由粗放型向集约型转变的速度还需加快，出口不能总集中于低技术含量高污染的产品，高技术含量低污染产品的出口比重应适度增加。能源利用技术的提高和新能源的开发应加快行进的步伐。城市化短期内是无法避免的，但其对环境质量的影响作用有限。环境库兹涅茨曲线只是一种经验数据的描述，我们必须清醒地认识到经济发展并不会自动解决环境问题。加强对环境污染灾害的防范并建立起相应的应急管理机制非常重要。这都需要我们共同努力来实现。

（1）中日环境库兹涅茨曲线的比较①。20世纪80年代以后，中国经济持续稳定高速发展，经济增长率一直保持在10%左右的水平。但是，经济快速增长的同时也带来了各种各样的环境问题，并日益严重。中国经济迅猛发展导致日益增大的能源消费给本来就很脆弱的生态环境带来了巨大的压力，同时也影响到经济自身的可持续发展，如何协调解决经济发展和环境保护的矛盾，关系到中国今后发展的稳定性。

日本作为中国的近邻，在20世纪60年代到90年代的经济高速成长期也经历了环境恶化的过程。痛定思痛，日本政府制定和实施了一系列环境政策，在70年代以后初见成效，特别是大气污染的防治对策受到了OECD（经济合作与发展组织）的好评。同时，发生在70年代的两次石油危机也促进了上至政府下至企业整个日本社会制定和推行节能对策。今天，日本已经成为世界上为数不多的低消耗，低排放的节能环保国家之一。日本的经济发展和环境保护的双赢政策经验对于当前中国的发展具有重要的参考价值。通过应用环境库兹涅茨曲线理论，对中国和日本两国的人口、GDP、环境污染物质（硫化物和氮氧化物）等相关数据的实证分析，（其中横坐标采用代表经济发展程度的人均GDP，1995年为基准的美元单位实际GDP，曲线图的纵坐标采用代表环境污染程度的大气污染物（硫化物和氮氧化物），比较了新中国自成立以来（1952—2000）和日本明治维新以后（1905—2000）中日两国的长期环境库兹涅茨曲线的变化，论证了经济发展和环境保护之间环境库兹涅茨曲线成立的必要因素，为中国今后制定经济成长和环境保护的协调发展政策提供参考。

（2）环境库兹涅茨曲线的中日长期动向比较。图9—6和图9—7表示的是中日两国人均SO_x和NO_x排放量与人均GDP之间关系的环境库兹涅茨曲线。横坐标的中日人均GDP和纵坐标的中日人均SO_x和NO_x排放量都采用了对数表现形式。由图可见，日本在20世纪初期开始进入工业化的高速成长期，除去第二次世界大战期间的异常情况外，SO_x和NO_x的排放量都呈现持续增长的状态，

---

① 黄铮、外冈丰、宋国君、近藤康彦：《中日环境库兹涅茨曲线的比较和启示》，《环境与可持续发展》2006年第2期。

SO$_x$排放量在 70 年代中期达到最高峰后出现急速下降的态势，以后到 90 年代中期都一直持续下降。NO$_x$排放量在 70 年代出现过短时间的下降趋势，以后基本上呈现平行稳定的状态。中国的人均 SO$_x$和人均 NO$_x$排放量除去 50 年代中期大跃进期间大炼钢铁的工业化异常状况以外，基本上与经济增长同步增加，在环境库兹涅茨曲线的左半边处于一种爬坡状态。由此可以观察到经济增长和大气污染物排放量的增加之间的正相关关系。从日本的人均 SO$_x$排放量曲线走势可以看出非常明显的倒"U"形环境库兹涅茨曲线，但是，同样的曲线在人均 NO$_x$排放量曲线上则没有观察到。这是因为日本的 SO$_x$排放主要来自于大型化工厂，发电厂等固定污染源，开始于 60 年代的排烟脱硫对策和 70 年代石油危机后从化石能源向非化石能源的转换运动和能源节约等措施使 SO$_x$的排放量大幅度减少。而在 NO$_x$排放减排对策上虽然也同样在大型工厂引入了排烟脱硝对策，但是随着家用汽车的普及和交通物流业的发展，NO$_x$的排放量总体上没有太大的变化。

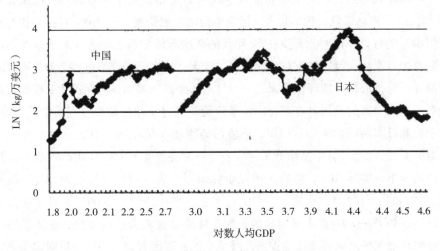

图 9—6　人均 SO$_x$排放量的中日比较

　　图 9—7 和图 9—8 表示的是中日两国单位 GDP 的 S$_x$和 N$_x$排放量和人均 GDP 之间关系的环境库兹涅茨曲线。横坐标的中日人均 GDP 和纵坐标的中日单位 GDP 的 S$_x$和 N$_x$排放量都采用了对数表现形式。单位 GDP 的 S$_x$和 N$_x$排放量指标是从排放的角度来观察经济活动的效率，数字越小表示经济活动的效率越高。从图 9—7 和图 9—8 中日两国的单位 GDP 的 S$_x$和 N$_x$排放量趋势来看，随着经济的发展，人均 GDP 逐步上升，单位 GDP 的 S$_x$和 N$_x$排放量呈现递减趋势是中国和日本两国共有的现象。中国单位 GDP 的 S$_x$和 N$_x$排放量虽然和日本有着相同的走势，但是，从图表上的数值看要高出日本许多，说明目前中国的排放经济效率

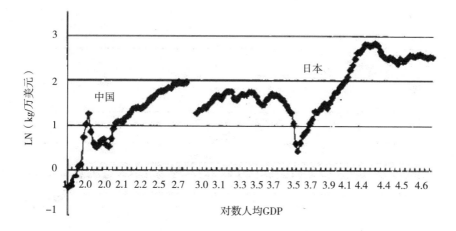

图9—7　人均 NO_x 排放量的中日比较

要低于日本，这意味着中国经济每单位产值所排放的大气污染物是日本的数倍乃至数十倍。当然由于是以美元为单位来进行比较的，考虑到汇率方面的因素差距可能会有所缩小。

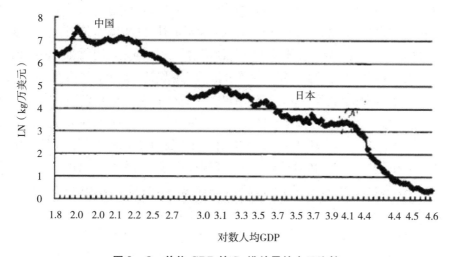

图9—8　单位 GDP 的 S_x 排放量的中日比较

（3）环境库兹涅茨曲线变动要因分析。表述经济发展和环境质量变化关系的环境库兹涅茨曲线为什么会呈现倒"U"形轨迹，是不是在经济发展的过程中这一变化会自发地得以实现，或者还是其他因素在其中发生了重要作用。参照日本的环境库兹涅茨曲线变动过程中各种要因的变化，对于预测中国的环境库兹涅

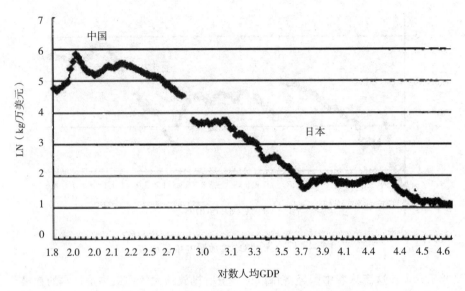

图 9—9　单位 GDP 的 N_x 排放量的中日比较

茨曲线的未来走势有一定的借鉴作用。日本在经济高速成长期间发生了严重的大气污染问题，在被日本政府正式认定的约十多万公害病患者中，大部分是大气污染受害者。环境问题已经成为威胁人们日常生活的社会性问题。同时，从高速成长期的 60 年代一直持续的年平均 10% 的经济增长率因为环境问题和石油危机在 70 年代陡然减为 4%。严重的环境问题引起了日本政府的重视，政府率先实施了一系列措施。在环境政策方面，先后制定了公害对策基本法（1967），大气污染防治法（1968），S_x 总量控制（1974），N_x 总量控制（1980）等相关环境法律法规，并于 1971 年设立了环境厅。技术方面，排烟脱硫技术从 60 年代中期，化石燃料的低硫化从 60 年代初期开始作为主要削减措施，对减少硫化物排放量起到作用。燃料转换方面，从化石能源向非化石能源的转换和节约能源措施对从第一次石油危机（1973）以后的大气污染物排放量的削减起了重要作用。同时，向非化石能源的转换以核能开发为重点推进。核能建设从 1966 年开始，其占一次能源的比例从第一次石油危机的 0.18% 上升到第二次石油危机（1979）的 5.12%，到 1996 年进一步提高到 15.16%。同时以石油为中心的能源价格的高涨进一步促进了能源结构转换对策和能源节约对策的实施。日本在大气保护的相关法律制度出台之前，大气污染状况比较严重，主要因为没有实施相关的环境对策。环境政策制定以后，特别是石油危机以后大气污染问题迅速得到解决，是由于采取了以脱硫对策为中心，包括其他相关能源政策的综合环境对策的结果。

　　中国虽然也在 80 年代初期就成立了国家环境保护局（1982），制定了大气环境标准（1982），并在 1987 年制定了大气污染防治法，但由于只引入了对污染源的浓度控制，没有实行向排放量控制的转换。一直到 1998 年才引入了总量控制措施。对于脱硫装置的使用，因为没有法律规定，某种程度上导致大气环境持续恶化，废气排放总量从 1985 年到 1995 年 10 年间增加了 117 倍，经济增长和大气污染物质的增加之间的正相关关系依然如故。日本的 80 年代与 70 年代相比，GDP 增加了 130%，S_x 的排放量减少了 82%，N_x 的排放量减少了 22%。中国的 90 年代与 80 年代相比，虽然 GDP 增加了 500%，S_x 的排放量增加了 35%，N_x 的排放量增加了 174%。日本从 50 年代开始的三次产业化进程十分迅速，大大减轻了环境负荷的增加。中日两国的一次产业比重都呈现递减趋势。与中国相比，日本的一次产业的衰退更加剧烈，到 90 年代占 GDP 构成比只有 2% 左右。而第三产业的比重则持续上升，至 2000 年已经超过了 70%。中国的大气污染主要来自工业化的进程，二次产业的比重从 1950 年的 20% 上升到 2000 年的 50% 以上，实现了新中国从农业国向工业国转变。工业化的过程中，耗能高的重工业得到了迅猛发展，重工业所占工业生产总值的比重由 1952 年的 35.15% 仅用了十余年间就上升到 1963 年的 55.12%，以后一直保持 50% 左右的比重。以工业增长为支撑的经济增长，特别是以重工业为中心的工业化政策可以说是造成今天环境污染的根本原因。今后如何调整产业结构，优化产业结构是促进中国经济发展可持续性的当务之急。

第十章　低碳经济理论的研究进展

低碳发展的探索，有一个过程。低碳发展理论的研究也随着低碳发展现实的推进而推进。

一、国外学术界的研究

2009 年 1 月，美国白宫发布"经济恢复和再投资计划"报告，提出将能源列为最重要的领域之一。报告指出，未来 3 年内将把风能、太阳能和生物燃料等可再生能源的生产能力提高 2 倍，未来 10 年政府将投入 1500 亿美元资助替代能源研究，将加大对新能源技术的投资力度以减少石油消费量，大量投资绿色能源——风能、新型沙漠太阳能阵列和绝缘材料等；推行绿色建筑对全国公共建筑进行节能改造。欧盟承诺到 20 年将可再生能源占能源消耗总量的比例提高到 20%，将煤炭、石油、天然气等一次能源的消耗量减少 20%，将生物燃料在交通能耗中所占的比例提高到 10%，从而带动欧盟经济向高能效、低排放的方向转型。全球化石能源的稀缺和气候异常频发的大背景下，不仅美国推行低碳经济的发展，全球各个国家都在尽可能实现低消耗、低排放、高效率的经济发展方式。全世界的学者也不断创新低碳经济的理念和研究成果。①

（一）低碳经济提出的背景研究

学术界普遍认为，"低碳经济"提出的大背景是全球气候变暖使人类生存和

---

① 陈柳钦：《新世纪低碳经济发展的国际动向》，《国际研究参考》2010 年第 5 期。

发展面临严峻挑战。为应对全球气候变暖对人类生存和发展的严峻挑战，"碳足迹"、"低碳经济"、"低碳技术"、"低碳发展"、"低碳生活方式"、"低碳社会"、"低碳城市"、"低碳世界"等一系列新概念、新政策应运而生。但国外学者对这一问题的具体认识则各有不同。概括起来，理论界主要从经济因素、资源因素、政治因素、环境因素和福利因素等视角对"低碳经济"提出的历史背景进行了解读①。

美国学者莱斯特·布朗在《B模式：拯救地球延续文明》书中提出并掀起了发展模式的B与A之争。"A模式"即现行的以化石燃料为基础、以破坏环境为代价、以经济为绝对中心的传统发展模式。"B模式"即把以人为本，以利用风能、太阳能、地热资源、小型水电、生物质能等可再生能源为基础的生态经济发展新模式。他呼吁全世界立即行动，以"B模式"取代"A模式"，拯救地球，延续文明。② 而英国著名经济学家尼古拉斯·斯特恩（Nicholas Stern）认为，气候变化的经济代价堪比一场世界大战的经济损失，呼吁全球向低碳经济转型③。美国经济学家约瑟夫·斯蒂格利茨在2006年发表的题为"A New Agendafor Global Warming"一文中曾指出，全球变暖是全球化背景下需要共同解决的环境问题，强调创建一种强制性制裁机制（如课征相关商品高额关税）和课征全球统一的环境税来解决美国和发展中国家的排污问题④。英国前首相布朗2007年11月曾指出通过提高能源效率和降低碳排放量，实现过度依赖能源进口的经济模式转型，应对气候变化和能源安全，发展低碳经济是一种必然选择⑤。

（二）3E系统理论研究

低碳经济与资源节约和环境友好的关系密不可分。3E系统就是指，将经济（Economy）、能源（Energy）和环境（Environment）三个系统视为统一整体。该理论对低碳经济的发展贡献巨大。

1. MARKAL模型

国际能源署在1976年开发了MARKAL模型。该模型基于线性规划的单目标

① 陈端计、杭丽：《低碳经济理论研究的文献回顾与展望》，《生态经济》2010年第11期。
② 莱斯特·布朗：《B模式：拯救地球延续文明》，中译本，东方出版社2003年版。
③ Stern N：《The economics of climate change：the Stern review》Cambridge University Press，2006.
④ 约瑟夫·斯蒂格利茨：《全球变暖新议程》，《经济社会体制比较》2009年第6期。
⑤ 张坤民、潘家华、崔大鹏：《低碳经济论》，中国环境科学出版社2008年版。

系统分析模型，由能源数据库和线性规划软件两部分组成，其中，能源数据库主要包括能源需求、能源技术和能源供给三部分，除此以外还包括产业部门、能源种类、市场条件、价格参数等数据；在数学模型方面，该模型运用上千个参数和数百个联立方程，以追求 3E 系统成本最小化为规划目标，通过动态线性规划求解优化结果。该模型能够在特定的能源供需条件和环境资源限制下做出能源品种和能源技术的结构调整与选择方案。

该模型从微观出发，其优点在于能够详细反映能源开发利用的各个环节以及不同环节上不同能源技术的作用，同时还能考虑到未来可能出现的新型能源品种与技术对整个系统的影响；缺点在于局限于能源系统内部，对外在经济和社会参数考虑较少。①

2. CGE 模型

CGE 模型始于 20 世纪 80 年代，主要模拟能源、环境和经济三者的互动关系。相比于 MARKAL 模型的微观角度，该模型属于宏观经济规划模型，涵盖经济系统中生产、需求、消费、贸易、收入等经济要素的庞大联立方程组（线性或非线性），因此，该模型可以充分考虑各种经济要素与政策的影响，能够较为全面、系统地反映能源、经济和环境的关系。但该模型也有缺陷，即常常忽视能源技术因素，特别是可能出现的新能源技术，该模型可能无法体现技术进步对能源系统的巨大影响。

目前，很多国家都建立了自己的 CGE 模型，在能源贸易、能源环境及税收政策分析方面起到了重要作用。

3. 3Es-Model 模型

日本长冈理工大学在 21 世纪初研究开发了 3Es-Model 模型。该模型从本质上讲属于一个计量经济模型，由宏观经济子模型、能源子模型和环境子模型组成，共包含 631 个方程，主要通过模拟宏观经济、能源和环境三者的关系来预测未来节能、税收、促进能源效率能减排方案下 3E 系统的发展趋势。该模型的结果可以为决策者制定长期战略规划和政策提供信息支持。

4. MARKAL-MARCO 模型

MARKAL-MARCO 模型通过生产函数来描述能源消费、资金、劳动力与经济

---

① 杨立宏：《区域能源发展战略及其评价模型研究》，天津大学博士学位论文，2007 年。

产出之间的关系，模型的目标函数是寻求总的能源折现效用最大化，其结果是确定一系列最优储备、投资、消费规模。该模型也属于宏观经济模型。

5. 战略环境影响评价模型（SEA）

BerrySadlerr 在 1986 年提出了战略环境影响评价模型。他认为应该从政府规划的层面协调能源发展与环境、经济的关系，并提供了一些相应的决策和规划手段。该模型通过系统分析提出意见、来协调经济发展与环境保护的关系，目标是辅助政府决策。该模型缺点为对于经济目标与能源条件分析多为定性，缺乏对 3E 体系的定量分析。

6. 投入产出模型

投入产出模型核心在于核算能源、经济和环境系统的总体运行成本，其中能源成本和环境成本的确定较复杂。在该模型基础上，绿色 GDP 的概念被用来完善投入产出模型，即在传统 GDP 核算中考虑资源价值与环境成本。

绿色 GDP 优点在于形式直观，不足在于，目前对资源价值和环境成本的核算还不完善。

7. 3E 系统协调度评价模型

该模型将 3E 系统彼此的关系用一个简单的模型加以描述，并进行数量化表示，然后通过数量化指标的对比关系来反映 3E 系统的协调程度。该模型从更为宏观的角度探讨 3E 系统的结构状态与发展趋势，但对于各子系统内部的关系与各影响因素缺乏定量分析。[①]

（三）Ecotopia 指标研究

"Ecotopia" 是生态学（Ecology）和乌托邦（Utopia）的复合词，表示与生态环境和谐相处的人类社会的理想之乡。Ecotopia 一词为人们广泛认识是在 Ernest-Callenbach 于 1981 年和 1986 年撰写的小说《绿色的国家 Ecotopia》出版后，Callenbach 在书中描绘的 Ecotopia 国的主要政策有：①国家的环境政策，保护森林、海洋、河流，建设小规模城市，废除高层大楼，以公共交通（电车、巴士、自行车）为主要移动手段；②能源政策，使用太阳能电池，推进风力发电、热力

---

① 雷鹏著：《低碳经济发展模式论》，上海交通大学出版社 2011 年版，第 67—68 页。

发电，彻底进行节能、脱原子能发电；③材料政策，普及木质材料的使用，不使用由化石资源来源的塑料和化学纤维转变的脱化学合成产品和生物降解塑料、利用回收品；④生活方式，使用天然食品和自给自足，摆脱快餐食品，节约冷气和暖气等。

名古屋大学在2005年设立了"Ecotopia科学研究所"。该研究所对Ecotopia指标做了定义：

Ecotopia指标=可持续的生活（生命）的质量/环境负荷

根据此定义，可持续的环境协调型社会的指标由可持续生活的质量和人类活动产生的环境负荷的比率决定。

（四）碳排放权的分配研究①

事实上，这是国际减排合作中最基本的问题，只有科学合理地界定并分配排放权，才能实现真正的合作减排。20世纪90年代就有不少学者就各国碳排放权的分配问题进行过研究，提出了碳排放空间的分配方法。主要有Grubb（1992）提出的人均排放权平等模型，Smith等人（1993）提出的自然债务模型、Janssen等人（1995）提出的文化观点模型以及Benestad等人（1994）提出的能源需求模型。随着研究与实践的发展，上述模型存在的缺陷逐步暴露。一是这些模型在分配碳排放权的过程中没有考虑各国，尤其是发达国家累积排放造成的气候变化的历史责任；二是在分配碳排放权时也没有考虑国际贸易中的隐含碳排放问题。

针对第一个问题，近年来不少机构和学者提出了更为符合实际的碳排放权分配模型。比如，英国全球公共资源研究所（Global Commons Institute，GCI）提出了紧缩趋同方案，设想发达国家与发展中国家从现实出发，以人均排放量为标准，逐步实现人均排放量趋同，最终在未来某个时点实现全球人均排放量相等。而巴西政府向联合国气候变化框架公约秘书处提交的巴西方案是考虑历史责任方案的代表。因为温室气体在大气中有一定的寿命期，今天的全球气候变化主要是发达国家自工业革命以来二百多年温室气体排放的累积效应造成的。因此，在考虑现实排放责任的同时，追溯历史责任才能更好地体现公平。瑞典斯德哥尔摩环境研究所学者提出的温室发展权框架认为，只有富人才有责任和能力减排，通过设置发展阈值，保障低于发展阈值的穷人的发展需求。当然，包括政府间气候变化专门委员会（IPCC）、联合国开发计划署（UNDP）以及经济合作与发展组织

---

① 王志华：《国外低碳经济：理论研究与实践行动的进展》，《现代经济信息》2011年第4期。

（OECD）等机构也都提出了自己的碳排放权分配方案，但这些方案对发展中国家的权益并没有给予充分考虑。

针对第二个问题，也有学者进行了研究。Peters 等人测算了 2001 年 81 个国家和地区的贸易内涵排放，结果表明，贸易内涵排放已经占到了全球碳排放总量的 25%，就中国而言，当年出口引发的碳排放占国内碳排放总量的比例高达 24%，而与之相比，进口碳排放很小，只占 7% 左右[1]。同时这些学者经过进一步论证认为，界定排放责任应当以剔除了净出口内涵碳排放之后的国内实际碳排放为基准，而不是忽视这一点[2]。虽然理论上对消费排放历史责任问题的讨论日渐明晰，但在现实中安排碳排放权时，发达国家对此并没有给予重视。不仅如此，有些国家甚至对中国出口贸易内涵碳排放日益增高这一事实视而不见，还在极力敦促国际社会给中国施压，让中国尽量承担减排义务。

（五）碳排放的驱动因素研究[3]

驱动碳排放增长的因素研究也是学者们十分关注的领域，因为因素的分析对于减排对策与措施的安排至关重要。到目前为止，大多数学者都认为经济增长、能源强度、能源结构、产业结构以及人口因素等是驱动碳排放的主要影响因素。

其中经济增长被认为是最主要的碳排放影响因素。关于经济增长与环境关系的研究最早可以追溯到 1966 年 Soros 等人提出的脱钩理论。该理论首次提出了关于经济发展与环境压力的脱钩问题。尽管脱钩理论证实了低碳经济的可能性，但并没有涉及从高碳经济到低碳经济的转型问题。1991 年，美国经济学家 Grossman 等人经过研究发现，污染物的变动趋势与人均国民收入的变动趋势之间呈倒 U 形关系，据此提出了环境库兹涅茨曲线假说[4]。该假说为控制倒 U 的峰顶不高于人类持续生存的生态阈值并促进尽早经过"拐点"指明了方向。当然，也有学者指出，二氧化碳作为无味、不直接产生对人体伤害的气体，并不存在明显的库兹涅茨效应，即使有也显示出其出现远远比其他污染物要晚，转折点时期

---

① Peters, G P, and Hertwich, E G.CO₂ embodied in international trade with implications for global climate policy.Environmental Science and Technology, 2008, 42：1401-1407.

② Peters, G P.From production-based to consumption-based national emission inventories.Ecological Economics, 2008, 65：13-23.

③ 王志华：《国外低碳经济：理论研究与实践行动的进展》，《现代经济信息》2011 年第 4 期。

④ Grossman, G M, and Krueger, A B.Economic growth and the environmental.Quarterly Journal of Economics, 1997, 110（2）：353-377.

的人均收入常常比其他污染物转折点出现时高数倍。

在人口增长的影响方面，Bin 认为人口增长会促进技术改革，这样就会减轻对环境的负面影响，即人口增长在一定程度上可以减缓二氧化碳排放①。而其他一些学者的观点相反，Shi 的研究表明，每增加 1%的人口相对应的二氧化碳的平均排放的增加量是 1.28%②。Mayers 和 Kent 证实，随着人口的不断增长，消费也会迅速增长，由此产生了对环境的明显影响。例如以肉食为主的饮食结构，对有限的灌溉水资源和国际粮食的供给增加了压力，正在增加的新汽车拥有者，占了目前世界汽车拥有量的 1/5，加重了当前全球机动车的碳排放③。

（六）低碳经济与社会经济发展研究

关注"低碳经济"的目的之一就是控制碳排放，使社会经济发展更加高效。日本的 Yoichikaya 教授（1989）提出了关于二氧化碳排放的 Kaya 恒等式。根据恒等式可直观分析碳排放的 4 个推动因素：人口、人均 GDP、单位 GDP 能源（能源强度）和能源结构（碳强度）④。2007 年 IPCC 的报告表明，计算 1970 年到 2004 年三十多年间 Kaya 恒等式中四个要素，其年均变化的结果为：人口增长 1.6%，人均 GDP 增长 1.8%，能源强度降低 1.2%，碳强度降低 0.2%，全球平均每年二氧化碳的排放增长率是 1.9%。从数据和研究结果看，20 世纪的后 30 年间，人口、GDP 和能源强度都是造成二氧化碳排放持续增加的主要原因。研究还表明，在进一步脱碳无法实现的情况下，二氧化碳排放持续增加的趋势将保持到 2030 年。

1. 碳排放的人口增长因素

在分析人口、GDP 和碳排放的关系研究中，SalvadorEnriquePuliafito, etal 采用 Lotka-Volterra 模型分析人口、GDP、能源消耗与碳排放量的相互关系；

① Bin, S.Consumer lifestyle approach to US energy use and the related CO$_2$ emissions.Energy Policy, 2005, 33: 197-208.

② Shi, A.The impact of population pressure on global carbon dioxide emissions, 1975-1996: Evidence from pooled cross-country data.Ecological Economics, 2003, 44: 29-42.

③ Mayers, N, and Kent, J.New consumers: The influence of affluence on the environment.Proceedings of National American Society, 2003, 100 (8): 4963-4968.

④ Kaya Yoichi.Impact of Carbon Dioxide Emission on GNPGrowth: Interpretation of Proposed Scenarios.Presentation to the Energy and Industry Subgroup, Response Strategies Working Group, IPCC, Paris, 1989.

MichaelDalton，etal 采用 PET 模型（Population-Environment-Technologymodel）研究人口和环境间的关系，这些定量分析成果都表明人口是造成二氧化碳排放增加的主要因素。①

人口的大量增长增强了汽车、住房和消费品等资源的需求，增加了土地消耗量，产生了更多的化石燃料的排放。Shi（2003）的研究表明，每增加 1% 的人口相对应的二氧化碳的平均排放的增加量是 1.28%。Mayers 和 Kent（2003）证实，随人口增长而不断增长的消费对环境产生明显的影响，例如，由于人类饮食结构以肉类为主，导致灌溉水资源的紧张和国际粮食的供给压力的增加；并且不断增加新的汽车拥有者，占了目前世界汽车拥有量的 1/5，加重了当前全球机动车的二氧化碳排放。

2. 碳排放的经济增长因素

世界银行将 2004 年 70 个最大的排放国作为一个整体，它们的二氧化碳排放占全球总排放的 95%。研究这 70 个国家的碳排放量的影响因素发现，1994 年到 2004 年的 30 年间，人均 GDP 是决定总体二氧化碳排放最主要的变量，其次是人口。而能源强度大幅度下降将弥补约 40% 由人均 GDP 和人口增加对排放的影响。

由于高度的经济活动通常导致资源消耗过高和废物产出过多，所以经济增长是导致环境恶化的一个重要因素。通过大量的研究看出，经济发展和二氧化碳排放是密不可分的，它们之间的动态关系是随着历史、社会经济状况以及政策干预而变化的。比如，经济转型的国家东欧和前苏联，经济解体导致其 20 世纪 90 年代的人均收入出现下滑趋势，温室气体的排放也大幅度减少。

对于经济增长对二氧化碳排放的影响，目前比较一致的观点是：经济增长通过能源消耗来影响二氧化碳排放量。这表明，为了实现低碳经济，应该转变能源结构，逐渐由使用化石能源过渡到使用清洁能源。

3. 能源技术的减排作用

"能源强度"（Energy Intensity）是指单位 GDP 的能源消耗量。首先，不同产业的能源强度不同，总的来说第二产业的能源强度最高，而第二产业中的重化工业的能源强度又远高于一般制造业。此外，能源强度还受到技术的影响，同一行业中技术水平低则能源强度高，因此降低能源强度、提高技术水平是降低碳排放

---

① 尹希果、霍婷：《国外低碳经济研究综述》，《中国人口、资源与环境》2010 年第 9 期。

的有效方法，能源技术进步能够提高能源和资源利用效率、减少单位产值物质材料和能源的使用，也即降低了能源强度。

"碳强度"（Carbon Intensity）是指单位能源用量的碳排放量。能源种类不同，碳强度差异很大。一、化石能源中，煤的碳强度最高，石油低的碳强度于煤，天然气较低；二、可再生能源中，生物质能有一定的碳强度；三、水能、风能、太阳能、地热能、潮汐能等都是零碳能源。所以，采用技术替代手段，主要是通过技术手段促进能源和燃料的转换，如用低碳的燃料如天然气和氢燃料等替代煤和石油等，或是从化石燃料转向非化石燃料，如可再生能源和核能等无碳的能源，促使一国或地区改善能源结构，从而降低单位能耗的二氧化碳排放强度。

总之，低碳经济是促进社会经济可持续发展的必由之路。首先，保持经济增长是每一个国家追求的目标，没有任何一个国家可以接受降低经济增长的现实；再次，控制人口快速增长在全世界范围内实施还需要一段时间。然而，一国的经济发展结构和生产方式、人们的消费行为和生活方式是可以改变的，即转向可持续的生产、生活方式。创新能源技术、利用清洁能源，不仅能增加产出，提高碳生产效率，还能有效控制和减缓温室气体的排放，从而促进经济健康持续发展。

（七）碳流通的制度安排研究①

1. 碳市场与碳交易

全球碳市场之所以会形成，是因为市场参与者在国际、国家和地区层面都面临着碳排放的管理压力。在碳排放权日益受到管治的条件下，每个国家的碳排放权就是一种稀缺的资源，从而满足人们基本需求之外的碳排放权就有了商品的属性。由于减排温室气体是有成本的，各国政府实施（京都议定书）的减排目标使含碳的温室气体产生了价值，于是在气候变化领域形成了以温室气体为商品的市场。由于温室气体以二氧化碳为主，所以国际上称其为碳市场。而碳交易市场的存在则为碳资产定价和流通创造了条件。国际碳市场主要包括了全球性履约碳市场、区域性碳市场和自愿减排市场三个领域。LoriABird（2008）研究了碳限额和贸易对美国自愿可再生能源市场的影响。区域温室气体倡议（RGGI）等美国东北部的碳限额和贸易方案已经有了一定的发展，在西部和中西部的碳

---

① 付晓波：《低碳经济研究综述》，《中南财经政法大学研究生学报》2012 年第 2 期。

限额和贸易方案也处在早期的发展阶段。碳排放限制将提高化石燃料发电的成本，因此清洁能源可能受益于碳限额和贸易方案，限额和贸易方案也将影响到可再生能源的发电能力。① 研究了通过碳市场来保护陆地生态系统，结果表明目前的国家条约对生态保护方面缺乏有意义的约束，需要重视自然系统的经济机制的发展。②

2. 碳税

碳交易是以产权为理论依据的，是科斯定理的应用；而碳税是属于"庇古税"的范畴，是政府利用税收手段干预，通过对产生负外部性的厂商征税，从而实现个人成本与社会成本的统一。碳税是指针对以二氧化碳为主要的温室气体排放所征收的税。它以环境保护为目的，希望通过减少二氧化碳来缓解气候变暖。碳税通过对燃煤和石油下游的汽油、航空燃油、天然气等化石燃料产品，按其碳含量的比例征税来实现减少化石燃料的消耗和二氧化碳的排放③。从本质上看，碳税也是解决气候变化问题的制度性安排，但与总量控制和碳排放量指标贸易等温室气体市场化减排机制不同的是，征收碳税只需要额外增加非常少的管理成本就可以实现，技术和政策成本较低。Peter Lund 认为，由于各行业受到的影响不同，必须采取相应的措施（如税收）来保障大多数电力密集部门的正常运作，未来欧盟排放贸易体系也需要相应地改进使不同行业的相对减排成本处于同一水平④。

自芬兰最早开征碳税以来，德英法等西方国家也陆续征收。经验表明，各国的能源税税率差别较大，因而阻碍了国际协调碳税。理论上，征收碳税是为了提供碳减排激励机制。部分国家实施的还不是真正的碳税，而是出于财税目的。

财政部财科所课题组公布的《中国开征碳税问题研究》为中国碳税改革制定了较为完整的路线图⑤。Cheng F. Lee 等在灰色理论和投入产出理论基础上，运用模糊目标规划方法构建模型，模拟了三种碳税方案下碳减排力度和经

① Loriabird, Edward Holt. Implications of Carbon Cap and Trade for US Voluntary Renewable Energy Markets, Energy Policy, 2008（2）.

② Robert Bonnie, Melissa Carey. Protecting Terrestrial Ecosystems and the Climate through the Global Carbon Markets, Philosophical Transactions：Mathematical, Physical and Engineering Science, 2002,（2）.

③ David G, Duff. Tax Policy and Global Warming, American University Law Review, 2002,（11）.

④ Peter Lund：Impacts of UN Carbon Emission Trade Directive on Energy Intensive Industries Indicative Micro-Economic Analysis, Ecological Economics, 2007,（3）.

⑤ 苏明等：《关于我国开征碳税的几个问题》，《中国金融》2009 年第 24 期。

济影响，预测碳税实施的影响有助于各国碳税方案的选择，也能更好地发挥碳税的效果①。

3. 碳货币与碳金融

碳排放权的交易将会推动碳货币时代的到来。碳货币不是真正意义的流通货币形态，是意想中的一种货币体系，就如石油—美元、煤炭—英镑体系一样。中国目前碳货币的定义是碳额度与黄金额度可以互换并作为国际货币的基础。国际上尚未对碳货币下个统一的定义。有些学者认为碳货币应该理解为一种新的货币本位。随着金属货币退出和布雷顿森林货币体系的崩溃，信用货币的出现占住了市场。支撑碳货币是由人为规定的碳排放目标和在碳排放权交易形成的交易信用关系。通过货币理论，碳排放权是具有充当一般等价物商品的可能。碳信用具有稀缺性，可计量性以及普遍接受性，考虑到美元本位带来全球失衡的根本缺陷，碳货币很可能成为超主权货币的一个选择②。

发展碳金融有利于降低减排成本，促进清洁能源发展以及减小碳风险，拓展金融创新的领域，是推动低碳经济转型的重要的政策性工具。关于碳金融的定义，目前理论界尚未统一，一般泛指所有服务于闲置温室气体排放的金融活动，包括直接投融资、碳指标交易和银行贷款等③。碳金融包括了市场、机构、产品和服务等要素，是金融体系应对气候变化的重要环节，为实现可持续发展，减缓和适应气候变化，灾害管理三重环境目标提供了一个低成本的有效途径。世界银行碳金融部门认为，碳金融提供了各种金融手段，利用新的私人和公共投资项目，减少温室气体排放，从而缓解气候变化，同时促进经济的可持续发展。金融机构的参与使得碳市场容量扩大，流动性加强，市场也越发透明；而一个迈向成熟的市场反过来又吸引更多的企业。2006 年 10 月，巴克莱资本率先推出了标准化的场外交易核证减排期货合同。2007 年，荷兰银行与德国德累斯顿银行都推出了追踪欧盟排碳配额期货的零售产品。

金融业在碳市场中的作用从开始的中介性转化成现在的功能性。银行业承担信贷资金配置的碳约束责任，机构投资者承担治理环境的信托责任以及保险业承担转移和规避风险的责任和碳基金承担碳交易主体的责任。低碳经济的发展需要

① Cheng F.Lee, Sue J.Lin.Effects of Carbon Taxes on Different Industries by Fuzzy Goal Programming: A Case Study of the Potrochemical related Industries, Energy Policy, 2007, (35).

② 王红夏：《碳交易计价结算货币分析》，《商业时代》2011 年第 20 期。

③ 王宇、李季：《碳金融：应对气候变化的金融创新机制》，《中国经济时报》2008 年 12 月 19 日。

加快金融的创新，形成长效机制。

二、国内学术界的研究

在低碳经济的理论研究方面，总体来讲，国内学者们主要是从低碳经济的概念、发展低碳经济的必要性和现实意义、发展低碳经济的指导思想和原则、低碳经济的主要特征、低碳经济研究的主要方向、低碳经济发展的技术支撑、低碳经济的评价指标体系等几方面对"低碳经济"进行研究和探讨。

（一）低碳经济的理论基础及研究的主要方向

低碳经济作为一种经济发展的新模式，其发展过程必然离不开理论支撑。张象枢等运用人口、资源、环境经济学的原理分析了绿色经济的理论基础。人口、资源、环境经济学认为，在国民经济体系之中，除了已受到传统经济学关注的各经济再生产部门（我们称之为狭义经济再生产部门）包括的产业之外，还应该包含有为人口再生产服务的各类产业以及为环境再生产服务的各类产业。只有当国民经济体系中不仅拥有顺向产业，而且拥有逆向产业时，才能实现经济系统的良性循环，实现经济的可持续发展；否则，经济发展将是不可持续的。而产业绿化的过程就是应在生产和消费过程中努力实现在自然资源利用率最大化和环境污染最小化的前提下的经济效益最大化[①]。鲁明中等则认为绿色经济发展的理论基础有五个方面：一是物质代谢理论（包括马克思物质代谢理论、自然生态系统与人类社会经济系统的物质代谢理论、工业物质代谢理论）；二是物质平衡理论；三是物质循环理论；四是生态经济系统演化理论；五是产品周期理论[②]。简晓彬等指出支撑我国低碳经济发展的理论基础有经济增长与经济发展理论、可持续发展经济理论、资源与环境经济理论以及低碳产业发展理论等。[③] 方大春、张敏新指出低碳经济具有两大理论基础：一是经济学的理论根基，二是相关学科比较与继承，这些学科主要包括生态经济、循环经济、绿色经济、气候经济学和资

---

① 张象枢：《试析绿色经济的理论基础——再论人口、资源、环境经济学》，《生态经济》2001 年第 11 期。

② 鲁明中、张象枢：《中国绿色经济研究》，河南人民出版社 2004 年版。

③ 简晓彬、刘宁宁、胡小莉：《我国发展低碳经济的理论基础述评》，《资源与产业》2011 年第 4 期。

源环境经济学等①；鲁丰先等认为可持续发展理论体现了低碳发展的理念和导向，碳代谢与循环理论反映了碳循环的自然规律，脱钩理论揭示了碳排放与经济、人口的关系与规律，3E 系统理论与模型提供了低碳政策分析的工具，技术创新理论可引领低碳发展的技术突破，"隧道效应"理论则指明了低碳发展的路径选择，这六大理论分别从发展理念、自然规律、发展阶段、政策工具、技术模式、实现路径等角度阐述了低碳发展的内涵，共同构成了低碳发展研究的理论基础。②

丁丁等通过研究国际上有关低碳经济理论，总结出当前低碳经济研究的方向是：一、能源消费与碳排放，提倡转换能源消费结构、建立低碳排放能源系统，以减少碳排放；二、经济发展与碳排放，主要研究不同国家或地区的不同经济发展模式、阶段、速度与碳排放的关系；三、农业生产与碳排放，涉及土地利用变化、农业土地整治、农业生产水平与结构的变化等内容；四、碳减排的经济风险分析与减排对策研究；同时，低碳经济的研究方法也有创新，除了相关分析、区域对比分析之外，学者越来越重视基于大量数据的综合模型分析，如碳循环能源模型、动态综合评估模型、能源消费—碳减排经济关联模型等；最后他们指出一些方面未获得令人满意的进展，比如产生碳排放基础的内部各要素间能量转换过程及其相互作用和影响③。

王文军根据内在机制作用研究低碳经济的运行，提出实施"立体式"控制的经济发展模式是低碳经济发展的技术经济范式④。

倪外和曾刚对国外低碳经济研究内容进行总结分析，归纳为不同类型区域碳排放评估预测、不同尺度的能源与碳排放评估模型应用研究、碳补偿机制及其治理研究、低碳经济的政府治理机制、碳税体系研究、碳足迹的界定与评估、低碳城市的发展模式 7 个不同方面，在此基础上，对国外低碳经济研究进行了简要评价，认为国外低碳经济研究注重实践研究，研究方法上注重数理模型的应用，但同时存在模型、政策、机制的适应性问题。⑤

---

① 方大春、张敏新：《低碳经济的理论基础及其经济学价值》，《中国人口、资源与环境》2011 年第 7 期。

② 鲁丰先、王喜、秦耀辰、闫卫阳：《低碳发展研究的理论基础》，《中国人口、资源与环境》2012 年第 9 期。

③ 丁丁、周同：《我国低碳经济发展模式的实现途径和政策建议》，《环境保护和循环经济》2008 年第 3 期。

④ 王文军：《低碳经济发展的技术经济范式与路径思考》，《云南社会科学》2009 年第 4 期。

⑤ 倪外、曾刚：《国外低碳经济研究动向分析》，《经济地理》2010 年第 8 期。

　　吴硕和何菊莲以近 10 年国内外关于低碳经济的文献为分析基础，从研究文献的数量和方法、研究的主要内容和侧重点对国内外低碳经济研究进行梳理、归纳和比较分析，总结低碳经济领域的前沿研究成果及不足，并进一步展望该领域未来研究的发展方向和重点，我们需要更加注重定量分析和实证研究，要深入调查，进行案例研究。在研究内容上，要更加关注低碳经济的发展成本、可得利益、适应技术研发、市场调节机制、政策协调机制的研究及政府政策法规等相关制度的构建。①

　　周蓉等对市场导向的绿色低碳发展国际研讨会的相关议题进行了综述，指出发达国家的碳计量和碳排放数据虽然研究成果多、引用率高，但其构成、研究方法、数据来源值得认真研究。碳资本是绿色低碳领域中非常重要的基础性话题。碳排放转移现象的存在是影响碳排放责任核算和低碳政策实施效果的重要因素，以及温室气体收敛性的存在是实现减排的前提条件，等等。②

（二）低碳经济概念的界定

　　张平、杜鹏认为低碳经济的概念可以分为广义和狭义两种。广义的低碳经济是指低投入、高产出的经济发展方式，其目标是实现人类可持续发展，主要考虑的是经济发展中所有资源的有效利用，为长期目标；狭义的低碳经济是指低能耗、低排放、低污染，从而产生较少温室气体排放的经济发展方式，其目标是应对当前气候变暖问题，为短期目标③。

　　广义的低碳经济概念的定义有：付允等通过宏观、中观和微观分析论证低碳经济是以低能耗、低污染、低排放和高效能、高效率、高效益（三低三高）为基础，以低碳发展为发展方向，以节能减排为发展方式，以碳中和技术为发展方法的绿色经济发展模式④；冯之浚等从经济形态角度认为低碳经济是低碳发展、低碳产业、低碳技术、低碳生活等一类经济形态的总称，低碳经济的基本特征是低能耗、低排放、低污染，它的提出是为了应对碳基能源对于气候变暖造成的影

①　吴硕、何菊莲：《低碳经济研究的主要内容和方法——近 10 年国内外研究文献比较》，《湖湘论坛》2011 年第 5 期。
②　周蓉、王成、徐铁、王丹：《绿色经济与低碳转型——市场导向的绿色低碳发展国际研讨会综述》，《经济问题》2014 年第 11 期。
③　张平、杜鹏：《低碳经济的概念、内涵和研究难点分析》，《商业时代》2011 年第 10 期。
④　付允、马永欢、刘怡君：《低碳经济的发展模式研究》，《中国人口·资源与环境》2008 年第 3 期。

响，它的基本目的是实现经济社会的可持续发展①。潘家华认为，理解低碳经济必须把握四个问题：①发展低碳经济并不是要走向贫困，而是在保护环境气候的前提下走向富裕；②低碳经济绝不应该排斥高能耗、高排放的产业和产品，而应该想办法尽量提高碳效率；③在低碳经济状态下，交通便利、房屋舒适宽敞是可以得到保证的；④搞低碳经济所需的技术和能源成本不是问题，低碳经济是世界经济发展的大趋势②。并指出低碳经济是一种经济形态，而向低碳经济转型的过程就是低碳发展的过程，目标是低碳高增长，强调的是发展模式③。陈兵等把低碳经济界定为环境资源趋于供求均衡和配置优化的一种新型经济形态。④

狭义低碳经济概念的定义有：庄贵阳从能源技术的角度认为低碳经济就是指依靠技术创新和政策措施，实施一场能源革命，建立一种较少排放温室气体的经济发展模式；低碳经济的实质是能源效率和清洁能源结构问题，核心是能源技术创新和制度创新，目标是减缓气候变化和促进人类的可持续发展⑤；鲍健强等指出低碳经济是以低能耗、低物耗、低排放、低污染为特征的经济发展方式；金涌等从全球碳库及碳循环角度认为低碳经济就是要努力减少化石燃烧和碳酸盐（岩石）分解导致的大气碳库藏量的增加，同时通过气体交换及光合作用增加海洋碳库和陆地碳库的藏量，通过人工 CO_2 矿化过程（地质存贮）及 CO_2 再利用过程减少大气碳库的藏量，鼓励使用海洋生态系统及陆地生态系统中的可再生碳替代化石资源消耗；低碳经济的主要内容应包括：合理调整产业与能源结构，围绕能源及化学品的生产、运输、分配、使用和废弃全过程，开发有利于节能和降低 CO_2 排放的技术与产品，关注 CO_2 捕集、重复利用和埋藏，制定配套的政策，以实现节约能源、保护自然生态和经济可持续发展的总目标⑥；段红霞认为低碳经济在狭义上可以理解为是一种高能效、低资源消耗和低温室气体排放的经济模式，它以消耗低碳燃料为主要能源、追求温室气体特别是二氧化碳最小化排放。贾林娟认为，低碳经济是一种由高碳能源向低碳能源过渡的经济发展模式，是一种旨在修复地球生态圈碳失衡的人类自救行为。低碳经济是一种经济发展形态，

① 冯之浚、金涌、牛文元：《关于推行低碳经济促进科学发展的若干思考》，《政策瞭望》2009 年第 8 期。

② 潘家华：《怎样发展中国的低碳经济》，《绿叶》2009 年第 5 期。

③ 潘家华、庄贵阳、郑艳、朱守先、谢倩漪：《低碳经济的概念辨识及核心要素分析》，《国际经济评论》2010 年第 4 期。

④ 陈兵、朱方明、贺立龙：《低碳经济的含义、特征与测评：碳排放权配置的视角》，《理论与改革》2014 年 5 月。

⑤ 庄贵阳：《中国经济低碳发展的途径与潜力分析》，《国际技术经济研究》2005 年第 8 期。

⑥ 金涌、王垚、胡山鹰：《低碳经济：理念·实践·创新》，《中国工程科学》2008 年第 9 期。

是能源与经济乃至价值观大变革的结果，为人类迈向生态文明提供了一条新路径。并指出发展低碳经济成为人类应对气候变化的一种新模式。① 赵鸿川指出，低碳经济是人类经济发展方式、生活消费方式的一次大革新，以技术创新和政策措施作为支撑，建立一种低能耗、低污染、低排放和高能效以及高效益的新型产业链，进而实现经济发展方式尽可能的低碳化，使得人类生活消费的方式更加低碳化的全新的经济发展模式②。

无论是广义还是狭义的低碳经济概念，其背景都是当前能源短缺、气候异常的大环境，其目标是解决人类的生存和发展问题；它们的区别在于，狭义的低碳经济实现的目标是短期目标，更加迫切，广义的低碳经济实现的目标是长期目标，更加宏观。

（三）发展低碳经济的必要性和现实意义的论述

付允等指出低碳经济是减少温室气体排放、应对全球变暖的最佳经济模式；提出中国发展低碳经济非常紧迫的理由至少有三点：一是中国面临较大的温室气体减排的压力；二是中国能源安全面临严重威胁；三是中国资源超常利用，生态环境恶化③。

金乐琴在提及低碳经济与中国发展现实时指出，中国的现状发展低碳经济有着一定潜在优势：一是减排空间大，二是减排成本低，三是技术合作潜力大④。

杨志和郭兆晖指出，当前摆在中国面前最棘手的问题在于：①不管历史与现实的原因如何，目前中国已经成为二氧化碳第一大排放国；②在市场经济框架下，不管中央政府遏制气候变化的决心有多大，地方政府和大多数中小企业以牺牲生态环境为代价追求自己的高额利润的行为总是得不到有效的遏制。因而，发展低碳经济，构建碳市场对于中国来说尤其重要。⑤

方大春和张敏新指出，低碳经济的经济学价值在于：一是化解国际经济合作困境，完善国际经济学体系；二是提供经济发展新模式理论基石；三是引导消费

---

① 贾林娟：《低碳经济发展影响因素及路径设计》，《科技进步与对策》2014 年第 3 期。

② 赵鸿川：《针对低碳经济的研究》，《特区经济》2014 年 2 月。

③ 付允等：《低碳经济的发展模式研究》，《中国人口、资源与环境》2008 年第 3 期。

④ 金乐琴：《中国如何理智应对低碳经济的潮流》，《经济学家》2009 年第 3 期。

⑤ 杨志、郭兆晖：《低碳经济的由来、现状与运行机制》，《学习与探索》2010 年第 2 期。

方式转变；四是拓宽了环境问题解决途径；五是丰富了相关经济学研究内容。[①]

　　陈诗一在对中国各地区低碳经济转型进程评估时，指出经济转型就像化蛹成蝶，这是经济社会领域的一场深刻变革，是一项宏大而复杂的系统工程，也是一场争夺未来全球发展制高点的竞赛、中国低碳经济转型的探索。实践和理论规律必将成为与"华盛顿共识"和"孟买模式"不同的"中国模式"的关键组成部分。[②]

　　王素立和张振鹏指出，低碳时代已经来临，这是人类社会继农业文明之后在发展模式上的又一次重大变革和突破。中国经济已经融入世界经济体系中，不可能脱离世界的大环境来实现自身经济的发展。[③]

　　程瓯在对中国发展低碳经济面临的问题进行研究时指出，面对全球环境恶化的大背景和巨大的国际社会压力，一方面，要对国内经济增长方式予以转变，降低对传统能源的过度依赖，积极修复已破坏的环境；另一方面，在国际社会上要承担更多的环境保护责任。无论从哪一个目标出发，低碳经济都是解决问题的根本途径。[④]

（四）发展低碳经济的指导思想、原则以及实现路径的探讨

　　国内学者分别从不同角度对发展低碳经济的指导思想、原则以及实现路径进行了分析。

　　付允等人认为低碳经济发展模式就是以低能耗、低污染、低排放和高效能、高效率、高效益（三低三高）为基础，以低碳发展为发展方向，以节能减排为发展方式，以碳中和技术为发展方法的绿色经济发展模式[⑤]。孟德凯认为低碳经济模式在实施中必须要坚持一定的原则：一是政府主导和企业参与相结合；二是自主创新与对外合作相结合；三是近期需求与长远目标相结合。金乐琴等人则强调在发展低碳经济的过程中，一要坚持国家利益；二要从国家发展战略高度重视低碳经济的发展，变被动为主动，实现发展与减排的良性循环；三要积极构建促

---

① 方大春、张敏新：《低碳经济的理论基础及其经济学价值》，《中国人口、资源与环境》2011 年第 7 期。

② 陈诗一：《中国各地区低碳经济转型进程评估》，《经济研究》2012 年第 8 期。

③ 王素立、张振鹏：《发达国家低碳经济战略选择及其对中国的启示》，《河北经贸大学学报》2013 年第 2 期。

④ 程瓯：《我国发展低碳经济面临的问题与对策研究》，《生产力研究》2014 年第 2 期。

⑤ 付允等：《低碳经济的发展模式研究》，《中国人口、资源与环境》2008 年第 3 期。

进低碳发展的政策机制，大力支持低碳技术创新和应用①。

从低碳经济实现路径来看，鲍健强等人认为：一、转变高碳经济发展模式要从产业结构、能源结构调整入手；二、要在产业链的各个环节上和产品设计、生产、消费的全过程中寻求节能途径，推广节能技术；三、应该大力开发可再生能源，大力发展低碳产业、低碳技术、低碳农业、低碳工业、低碳建筑、低碳交通等，把低碳经济的理念渗透到社会各个领域，形成良好的发展低碳经济的社会氛围和舆论环境②。

任力认为，要制定"低碳经济法"、"循环经济法"，制定"可再生能源法"的配套法，对于涉及能源、环保、资源等的法律需要作进一步修改，支持企业走发展低碳经济的道路，为中国特色的经济走新型工业化的道路提供可靠的保障③。吴一平、刘向华立足于农业视角对低碳经济发展进行了研究，提出了发展碳汇农业，运用先进的现代农业技术，构建资源节约型的农业生产体系，推动关联产业集群节能减排的低碳农业发展途径④。杨玥、文淑惠将低碳经济与工业经济有效结合，改变工业经济的生产方式，促使低碳经济成为工业经济的有机部分，指出了低碳经济在工业中发展的条件是工业产品成为低碳产品⑤。陈诗一指出以要素数量扩张方式通过高投入、高能耗、高排放驱动经济高增长，早晚要碰到要素边际报酬递减规律的红线，不可持续；只有通过节能减排、要素重置推动全要素生产率持续改善才是低碳转型的必由之路。⑥ 程云鹤等在构建省际节能减排矩阵分类模式，分析省际低碳经济发展异质性的基础上，提出中国推进节能减排工作应从产业结构、能源结构、技术进步和制度等方面采取综合措施。⑦ 王素立和张振鹏（2014）在对发达国家低碳经济发展成就研究的基础上，提出中国发展低碳经济可以从战略布局、健全法规、政策落实、全民参与四个方面着手，展开多层面、多形式的国际合作，不断提升低碳经济的战略层次和水平。

---

① 金乐琴、刘瑞：《低碳经济与中国经济发展模式转型》，《经济问题探索》2009 年第 1 期。
② 鲍健强、苗阳、陈锋：《低碳经济：人类经济发展方式的新变革》，《中国工业经济》2008 年第 4 期。
③ 任力：《国外发展低碳经济的政策启示》，《发展研究》2009 年第 2 期。
④ 吴一平、刘向华：《发展低碳经济建设我国现代农业》，《毛泽东邓小平理论研究》2010 年第 2 期。
⑤ 杨玥、文淑惠：《工业化阶段基于企业联盟的低碳经济发展问题研究》，《经济问题探索》2011 年第 2 期。
⑥ 陈诗一：《中国各地区低碳经济转型进程评估》，《经济研究》2012 年第 8 期。
⑦ 程云鹤、齐晓安、汪克亮、杨力：《技术进步、节能减排与低碳经济发展——基于 1985—2009 年中国 28 个省际面板数据的实证考察》，《山西财经大学学报》2013 年第 1 期。

（五）低碳经济的特征的归纳

章宁通过研究丹麦的能源模式归纳出低碳经济的三个特征：一是低碳经济内涵源于全球气候变化和二氧化碳减排的大环境，低碳经济意味着高技术、高投入和高成本的经济；二是低碳经济代表了部分工业化国家的未来期望；三是低碳经济的技术基础是绿色能源和环保技术①。

金乐琴等认为理解低碳经济需要把握其三个重要特性：一是综合性，即低碳经济不是一个简单的技术或经济问题，而是一个涉及经济、社会、环境系统的综合性问题；二是战略性，即低碳经济是人类调整自身活动、适应地球生态系统的长期的战略性选择，而非一时的权宜之计；三是全球性，即全球气候变化的影响具有全球性，涉及人类共同的未来，超越主权国家的范围，任何一个国家都无力单独面对全球气候变化的严峻挑战，低碳发展需要全球合作②。

国务院发展研究中心应对气候变化课题组研究认为低碳经济有经济性、技术性和目标性三个特征③。简晓彬等指出，低碳经济应具有以下特征：一是经济性。低碳经济应按照市场经济的原则和机制来发展；二是技术性。通过技术进步提高能源效率，降低二氧化碳等温室气体的排放强度；三是目标性。发展低碳经济的目标是讲大气中温室气体的浓度保持在一个相对稳定的水平上，从而实现人与自然的和谐发展。④ 同样，程瓯认为低碳经济具有经济性、技术性和目标性三大特征。⑤

（六）低碳经济发展模式的探索

薛进军认为，商业化模式是一种最好的可持续发展模式，但在一般自由市场建立低碳经济商务模型是十分困难的，因为在商品相似情况下消费者更倾向购买便宜的产品，环保节能产品在价格方面没有优势。所以，构架一个新的市场以便

---

① 章宁：《从丹麦"能源模式"看低碳经济特征》，《科技经济透视》2007 年第 12 期。
② 金乐琴、刘瑞：《低碳经济与中国经济发展模式转型》，《经济问题探索》2009 年第 1 期。
③ 国务院发展研究中心应对气候变化课题组：《当前发展低碳经济的重点与政策建议》，《中国发展观察》2009 年第 8 期。
④ 简晓彬、刘宁宁、胡小莉：《我国发展低碳经济的理论基础述评》，《资源与产业》2011 年第 5 期。
⑤ 程瓯：《我国发展低碳经济面临的问题与对策研究》，《生产力研究》2014 年第 2 期。

能够建立低碳商务模型是很必要的。这种市场结构可被称为"低碳经济模型"，是低碳经济商务模型的基础。该经济模型有四大要素：（节能、环保）意识、法律法规、激励机制、竞争。四大要素在不同国家的反映不同，但指导思想一致。中央政府、地方政府、教育机构、媒体联合起来宣传环保意识对全民族环保意识的建立是十分必要的；法律法规及激励机制是政府的责任，但是综合考虑工业、学术界、政府和民众的多样性对于政府良好的履行这项责任十分可取；竞争一般通常被认为只与公司相关，然而，创造一个民众与社会团体相互竞争的良性循环对于环境改善、能源节约来说是十分有利的。一旦这种经济模型建立起来，公司进入市场与其他对手竞争，商务模型的建立则变得十分可能。①

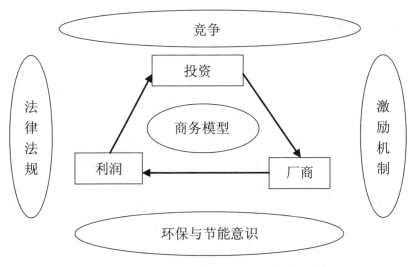

图 10—1　存在经济模型或商务模型的低碳经济案例

（七）低碳经济技术支撑的研究

王文军指出当前的低碳经济技术开发有：废旧产品与废弃物的回收、循环利用、再生利用以及无害化技术开发，资源效率最大化的技术开发，替代高碳能源的技术开发，资源循环利用技术、物质循环减量化技术开发，环保产业技术，清洁生产技术以及可再生能源开发等②。任奔等人对国际上低碳技术发展进行研究，指出当前低碳经济技术主要节约能源技术、低碳能源技术、碳捕获和埋存技

① 薛进军：《低碳经济学》，社会科学文献出版社 2011 年版，第 223 页。
② 王文军：《低碳经济发展的技术经济范式与路径思考》，《云南社会科学》2009 年第 4 期。

术（CCS）三方面的技术①。付允等人归纳了碳中和的三类技术：第一类是温室气体的捕集技术；第二类是温室气体的埋存技术；第三类是低碳或零碳新能源技术②。姬振海认为低碳经济的技术创新主要包括两类：一是电力、交通、建筑、冶金等部门的节能技术；二是关于可再生能源、新能源、煤的清洁高效利用的温室气体减排技术③。杨芳认为，技术创新对于推动新能源产业以及低碳经济的发展具有举足轻重的作用，促进技术进步是发展低碳经济的核心，并指出中国可以在汽车、建筑等领域的技术上进行突破④。牛桂敏指出发展低碳经济是转变经济发展方式的内在要求，制度创新是发展低碳经济的必然要求。因此应当从法律制度、经济政策、产业及其他政策方面进行创新，促进低碳经济的快速发展⑤。

（八）低碳经济评价指标体系的设计

徐国泉等人采用对数平均权重 Divisia 分解法（Logarithmic mean weight Divisia method），通过定量方法得出能源结构、能源效率和经济发展对中国人均碳排放的影响⑥。冯相昭等研究了碳排放影响因素、碳排放限制等方面，其对 Kaya 恒等式进行了修改，舍弃了残差部分⑦。刘传江等人首先根据生态足迹理论，从人口规模、物质生活水平、技术条件和生态生产力等方面来论证低碳经济发展的合理性；然后运用脱钩发展理论来分析经济发展与资源消耗之间的关系，并证实低碳经济发展的可能性；再根据"过山车"理论（环境库兹涅茨曲线），模拟演变人均收入与环境污染指标，说明经济发展对环境污染程度的影响，来论证低碳经济的发展态势⑧。邹秀萍等人借助 EKC（环境库兹涅茨曲线）模型，通过面板数据分析方法定量分析经济水平、经济结构、技术水平对各地区碳排放的影响趋

① 任奔、凌芳：《国际低碳经济发展经验与启示》，《上海节能》2009 年第 4 期。

② 付允、马永欢、刘怡君：《低碳经济的发展模式研究》，《中国人口、资源与环境》2008 年第 3 期。

③ 姬振海：《低碳经济与清洁发展机制》，《中国环境管理干部学院学报》2008 年第 2 期。

④ 杨芳：《中国低碳经济发展：技术进步与政策选择》，《福建论坛》2010 年第 2 期。

⑤ 牛桂敏：《发展低碳经济的制度创新思路》，《理论学刊》2011 年第 3 期。

⑥ 徐国泉、刘则渊、姜照华：《中国碳排放的因素分解模型及实证分析：1995—2004》，《中国人口、资源与环境》2006 年第 6 期。

⑦ 冯相昭、邹骥：《中国 CO_2 排放趋势的经济分析》，《中国人口、资源与环境》2008 年第 3 期。

⑧ 刘传江、冯碧梅：《低碳经济对武汉城市圈建设"两型社会"的启示》，《中国人口、资源与环境》2009 年第 5 期。

势，探讨各地区碳排放与其影响因素间的演化规律和可能态势①。

袁晓玲以中国 29 个省份和东、中、西三大区域为评价对象，从低碳排放和发展能力两个层面，构建了中国区域低碳经济评价指标体系，并利用 TOPSIS 方法进行了实证分析。实证结果表明，中国整体的低碳经济发展水平较低，省际间及三大区域间差异显著。东部地区的低碳经济发展水平远大于中西部地区，东、中、西部分别表现为相对低碳、中碳和相对高碳的经济发展特征。中西部地区在实现经济增长的同时，应尽可能地降低碳的排放，以提升区域低碳经济发展水平。②

廖明球从总量层面设计低碳经济量化模型，也从结构层面设计低碳经济量化模型，并将两个层面模型结合起来，形成一个模型整体。总量模型主要用于预测未来年份的二氧化碳等温室气体排放总量，以进行碳排放等的总量控制；结构模型主要用于研究各个行业的二氧化碳等温室气体的排放强度，以便提出产业结构调整的政策建议。③

（九）对中国低碳经济发展现状研究

1. 碳排放与结构性问题

第一，中国的能源结构状况。中国的能源结构是以煤炭为主。因为中国的资源状况就是"多煤，少气，缺油"，煤炭是中国最经济，安全，可靠的资源，中国拥有丰富的煤炭资源加上廉价的劳动力，降低了煤的生产成本与价格很低，造成了中国以煤作为生产、发电主要能源的成本相对较低，进而使得中国的能源密集型产品具有一定的国际竞争优势。

王峰等在《中国经济发展中碳排放增长的驱动因素研究》一文中，通过对中国二氧化碳排放进行因素分解，发现燃料结构作为一项不可忽视的因素，其变化对于二氧化碳排放具有一定影响。煤炭是一种排放二氧化碳较多的燃料，因此，对于中国这样以煤炭为主要能源的国家来说，能源密集型产品也成为高碳排放产品。如果能源燃料结构可以低碳化，那么对于二氧化碳的减排有一定作用。

第二，中国的产业结构。一些专家通过计算单位 GDP 能耗指数，将中国能

---

① 邹秀萍、陈劭锋、宁淼：《中国省级区域碳排放影响因素的实证分析》，《生态经济》2009 年第 3 期。

② 袁晓玲、雷厉、仲云云：《低碳经济评价指标体系构建及实证分析》，《城市问题》2013 年第 1 期。

③ 廖明球：《低碳经济量化模型设计研究》，《统计与决策》2014 年第 24 期。

耗状况归结为两个阶段。以 1995 年为分界线。1995 年以前，中国的产业结构以第一、第三产业为主，这两个产业发展迅速。而第二产业徘徊不前。所以能源消耗较低。1995 年以后，产业结构有了较大调整。第一、第三产业发展平缓，但是第二飞速发展，所以能源消耗也呈现高速增长的特点。而能源消耗的高速增长的同时二氧化碳的排放量也不断走高。

特别是 2003 年后，中国的重化工业化趋势再度显现，这是由于房地产和汽车工业的快速发展，基础设施投资的持续加大，机电和化工等产品出口份额的增加，所有这些都带动了采掘业、石油和金属加工业、建材及非金属矿物制品业、化工和机械设备制造等重化工业行业的急剧膨胀，中国的能耗和排放再次大幅增长，在因能源消费而产生的二氧化碳排放量中，工业部门的排放占到 80%以上①。

然后，随着我国经济进一步发展，第三产业的比值又开始逐步上升，而且第二产业中，高能耗高排放的重工业也开始调整结构，高技术高附加值的产业逐渐增加，比如以计算机、电子与通信设备制造业为代表的高新技术行业，这些行业属于低排放产业。然而以高能耗和高排放为特征的重化工业行业虽然总体上也取得了技术进步，但是总体上依旧处于高能耗的粗放型增长状态。

最后，史丹教授通过对行业产出水平与经济结构对能源消费影响的回归分析，得出了重要结论：结构变动对能源消费有非常重要的影响：第一产业比重的下降使煤炭消费需求大幅度下降，工业比重上升拉动了石油的消费需求，电力将因结构的变动和经济总水平的提高而成为中国主要消费能源。

2. 碳排放的地域分布

中国经济发展状况就呈现出明显的地域特征，二氧化碳的排放与经济发展状况有密切联系，所以碳排放在中国也呈现出地域性。一方面，经济发达地区能源需求量大于经济较不发达地区，碳排放自然也大。另一方面，经济发展好的地区，技术水平先进，拥有一定科技实力提高能源利用率，减少碳排放。具体表现为以下几个方面。

第一，碳排放总量、均量区域比较。一些专家估算各省碳排放的总量和均量以后，发现东部地区碳排放总量及均量都高于其他地区。这是由于东部地区经济发展基础好，经济发展速度快，产业规模大，产业结构偏重，能源消费增长

---

① 王锋、吴丽华、杨超：《中国经济发展中碳排放增长的驱动因素研究》，《经济研究》2010年第 2 期。

快，碳基能源消费量大。中部地区在中部崛起战略的推动下，能源消费也不断增长，所以位居第二。西部地区经济发展较为落后，对能源的需求不高。从人均量来看，东部和中部地区人均 GDP 增加的同时，人均碳排放也在增长，然而，在西部地区中，人均 GDP 并未明显增加，但是人均碳排放却出现显著的增长。

第二，碳排放弹性的区域比较。从碳排放弹性波动来看，西部地区碳排放弹性的波动性最大，该地区经历了三个倒 U 形阶段；其次是中部地区，该地区经历了两个倒 U 形阶段；最后是东部地区，该地区经历了一个倒 U 形阶段，波动性最小。①

第三，各区域碳排放拐点的时间路径分析。由于碳排放曲线为倒 U 形，所以越早达到拐点，就意味着越早进入低排放的时期。有学者根据拐点理论，确定出中国以及各省域达到碳排放拐点的时间，发现东部地区平均需要 15 年就可以达到人均碳排放的拐点。虽然东部地区的碳排放较大，但是，东部地区加大力度进行了产业结构和能源消费结构优化升级，优化了出口贸易结构，大幅度引进了先进的清洁技术，碳减排成效会逐渐明显。中部地区产业规模并不是很大，但是，近年来基础设施投资大幅度增加，加大了对能源的消费，碳排放因此不断增加，对经济增长和碳减排形成了刚性约束，达到人均碳排放拐点所需要的时间较长，平均需要 22 年。西部地区并不存在倒 U 形的人均碳排放环境库兹涅茨曲线，而是存在正 U 形的人均碳排放环境库兹涅茨曲线②。

第四，二氧化碳排放绩效动态变化的区域差异分析。王伟群等通过对中国 28 个省的版面数据动态分析，发现中国二氧化碳排放绩效也呈现出一定程度的区域特征。在区域层面，东部的二氧化碳排放绩效最高，东北和中部稍低，西部则由于技术效率退化较为严重，绩效最低。但从收敛性看，全国范围和区域范围内都存在显著的收敛特征，"追赶效应"较为明显，差异性也将逐步缩小。

3. 国际贸易因素与碳排放

中国二氧化碳排放量的快速增长不但源于其巨大的国内消费需求和固定资产投资，而且作为"世界加工厂"，中国出口贸易的快速增长也是推动其国内二氧

---

① 王群伟、周鹏、周德群：《我国二氧化碳排放绩效的动态变化、区域差异及影响因素》，《中国工业经济》2010 年第 1 期。

② 樊纲、苏铭、曹静：《最终消费与碳减排责任的经济学分析》，《经济研究》2010 年第 1 期。

化碳排放量不断增长的重要因素。自改革开放以来，伴随着中国经济快速增长的是国际贸易的快速增长和二氧化碳排放的急剧增加。

第一，高碳行业出口比重大。加入 WTO 后，中国出口贸易产生的二氧化碳排放量呈现迅速增长态势；而且中国出口贸易产生的二氧化碳排放量增长速度明显高于同期的出口贸易增长速度。学者研究发现这是由于一些高碳排放行业出口比重不断上升，不但抵消了中国产业部门二氧化碳排放强度下降的减排效应，还放大了出口贸易增长产生的二氧化碳排放量。中国高碳产品具有一定的竞争优势，使得高碳产品在中国出口中所占的比重较大。

第二，我国出口碳排放量的增加。有学者利用 GTAP 数据和全球跨国投入产出模型（MRIO）的方法系统研究了中国的贸易内涵排放，发现中国的净出口产品的碳排放量占国内碳排放总量的比重不断上升。中国贸易内涵排放量中，出口碳排放占其国内实际碳排放的比重远大于进口碳排放。还有学者进一步做了贸易加减法，将国内实际排放量减去净出口碳排放称之为"消费排放"。[1] 这种方式认为碳排放的计算应该从商品生产国转移到商品消费国；中国的快速发展促使西方国家把工厂转移到中国，中国不断增加的碳排放量实际上反映的是西方国家的高消费水平。

第三，发达国家产业转移的影响。朱启荣通过对贸易碳排放结构的回归分析，揭示了高碳产业转移问题。目前全球重化工业等高碳产业在发展中国家的集聚程度日益增高，尤其是中国日益成为世界工厂。实质反映的是中国的碳排放量在一定程度上是替发达国家所承担的。具体表现在以下三个方面。

一是发达国家通过外包转移到中国的加工组装环节，不仅附加值低，也是高污染、高能耗及资源型的环节。发达国家保留的环节不仅附加值高，能源消耗和污染强度也小。[2] 二是发达国家在外包高污染、高能耗的加工组装环节后，再从中国进口制成品。三是由于中国技术水平落后于发达国家。发达国家掌控着高新技术产业、低碳能源产业、生产性服务业等的技术、专利、品牌等主导权，而向中国转移的是高碳产业。这样，能源消耗和环境污染就由发达国家转移到了中国。导致中国的能源消费量和污染排放量总量增加。而中国将承担高碳产业转移引起的高碳经济所致的沉重资源环境压力。

---

[1] 陈诗一：《节能减排与中国工业的双赢发展：2009—2049》，《经济研究》2010 年第 3 期。
[2] 陈诗一：《能源消耗、二氧化碳排放与中国工业的可持续发展》，《经济研究》2009 年第 4 期。

三、研究进展的评论

（一）国外学术界的研究

1. 成功之处

①国外学者对低碳经济的研究起步早、时间长，研究成果也很多，学术界围绕低碳经济不断提出新想法和完善意见，学术成果颇丰。②善用定量分析和数理分析，以数据来证明研究成果，以实证研究来分析经济和政策问题，说服性强。③学术研究成果与经济社会和政策联系紧密，特别是"脱钩"指标的创新成果已经可以直接指导脱钩政策的制定、分析脱钩政策的有效性，有助于低碳经济的发展和经济的可持续发展。

2. 不足之处

国外学术界未解决的难题，同时也是困扰世界低碳经济发展的三大悖论。

第一，从经济学角度看，低碳经济要求在公共产品的框架内实现，但实施低碳经济的主体都以利益最大化为追求目标，追求私利与提供公共产品是相悖的概念。

第二，成本外化的工业化模式是全球温室效应的主要原因，但低碳经济对温室效应的解决方案大多期望不触动这种模式的情况下消除工业的负外部性，这并不现实。

第三，发达国家是造成全球温室效应、气候异常的主要责任人，但按照低碳经济提出的低碳交易模式，发达国家又会成为低碳贸易的最大获利者，发达国家并没有对原来的碳排放做出补偿。

（二）国内学术界的研究

1. 成功之处

虽然中国低碳经济发展较晚，但近年来，国内学者在低碳经济方面的研究取得了一定的成绩：

第一，国内学者对低碳经济的界定和原则提出了不同的认识和观点，探讨了低碳经济发展的必要性和现实意义，指出了发展低碳经济的层次结构。

第二，国内学者开始用实证方法、定量分析来研究低碳经济，并能将能源—能阱总组合曲线的图形方法、经验曲线、生态足迹法、脱钩理论等运用于低碳经济的研究中。

第三，国内学者们还能从中国的国情和实际情况出发，在总结、借鉴外国许多先进的低碳发展技术基础上，进行消化吸收再创新，并将其用于指导中国低碳经济的发展。

2. 存在的不足

低碳经济在中国作为一种新的经济发展理念和模式，在以下几个方面还存在不足。

第一，国内对低碳经济的概念还没有明确、统一的定义，多数定义是学者站在自己所研究的领域、从不同的角度提出的。

第二，国内对低碳经济的研究尚处于起步阶段，缺乏一些经济学的坚实理论基础，国内学者没有足够重视低碳经济的指标体系与评价体系的研究，尤其是有关区域低碳经济发展水平评价的研究文献则鲜有见到，并且国内现有的关于低碳经济指标体系和评价体系的研究大多集中在对指标体系和评价体系的设计或完善方面，而应用指标体系对区域或者城市低碳经济发展水平进行实证评价方面有所缺失，这样一来，按理论设计出来的指标体系与投放于实践尚有一段差距；在低碳经济评价方面，多限于一个城市或一个地区低碳经济发展状况的评价，由于国内外都缺乏比较性强的指标体系，中国对多个城市或地区低碳经济发展水平的比较研究也较少，无法体现出区域低碳经济发展水平的可比性。

第三，国内对运用低碳经济的各种理论、指标和技术等方面来指导政策制定和评价政策尚处于起步阶段。

第四，国内对不同发展模式，比如碳交易，其研究大多停留在应用方式和形式上，而对其内在机理、适用条件和应用模式等方面的研究还不够充分。

3. 今后的研究方向

综上所述，中国低碳经济今后的研究方向可归纳为四个方面。

第一，加强把握低碳经济的内涵，针对定义不明确、不统一的问题，国内学者需要对低碳经济进行更系统、更深入的理论分析，真正理解和把握低碳经济的科学内涵。

第二，加快国内对低碳经济的研究速度，重点关注低碳经济的指标体系和评价体系的构建，鼓励国内学者用实证研究、定量分析的方法搜集数据、研究现实经济社会。

第三，积极运用指标体系和评价体系指导、评价中国低碳经济政策的制定，促进中国低碳经济的进一步发展，实现经济社会和人类的可持续发展。

第四，加强对低碳经济的运行机理的学习，深入对低碳经济内部运行机理、适用条件和应用模式等方面的研究，尤其是对于揭示低碳经济最本质内容的理论研究和系统分析。

后　记

　　本册《低碳理论》是中共湖北省委党校常务副校长陶良虎教授主编的人民出版社"十二五"重点出版计划《低碳发展系列丛书》（10卷本）之一。陶良虎教授拟定本书的写作大纲，并对后续的写作过程进行具体细致的指导。主编：王能应，各章执笔人分别是：第一章，王能应；第二章，王能应、丁龙飞；第三章，刘平；第四章，丁龙飞；第五章，王海英、史转转；第六章，丁龙飞、蔡正芳；第七章，朱玉；第八章，朱玉；第九章，陈为、刘平；第十章，王能应、丁龙飞。

　　由于作者水平有限，研究不够深入，书中不足甚至错误肯定存在，恳请读者批评指正。

策　　划:张文勇
责任编辑:史　伟
封面设计:林芝玉
责任校对:马　婕

图书在版编目(CIP)数据

低碳理论/王能应 主编. -北京:人民出版社,2016.1
(低碳绿色发展丛书/范恒山,陶良虎 主编)
ISBN 978-7-01-015745-0

Ⅰ.①低…　Ⅱ.①王…　Ⅲ.①节能-理论　Ⅳ.①TK01

中国版本图书馆 CIP 数据核字(2016)第 014824 号

低碳理论
DITAN LILUN

王能应　主编

人民出版社 出版发行
(100706　北京市东城区隆福寺街 99 号)

涿州市星河印刷有限公司印刷　新华书店经销

2016 年 1 月第 1 版　2016 年 1 月北京第 1 次印刷
开本:710 毫米×1000 毫米 1/16　印张:13.75
字数:240 千字

ISBN 978-7-01-015745-0　定价:34.00 元

邮购地址 100706　北京市东城区隆福寺街 99 号
人民东方图书销售中心　电话 (010)65250042　65289539